VTuberの哲学

Hiroki YAMANO
山野弘樹

春　秋　社

はじめに

本書は、今日のVTuber文化の中で活躍するVTuberの典型的な特徴を抽出し、その特徴をある統一的な観点から体系的に解釈することを試みる著作である。この一冊の小著で、国内外ですでに膨大な事例の蓄積があるVTuber文化の全容が明らかになるわけでは全くない。むしろこの小著は、広大なVTuber文化のごく僅かな部分にしかスポットライトを当てられないことになるだろう。また、この著作は、「VTuberの哲学」の決定版となるような議論を提示するものでもない。筆者の他にも「VTuberの哲学」を主題として掲げる哲学研究者は何名もいるが、彼らはみなそれぞれの哲学的バックグラウンドから、別様の議論を提示している。本書が対象とするVTuberのタイプは限定的であり、またそのVTuberを分析するために本書が展開する理論は、数ある理論的オプションの中の一つの候補に過ぎない。それでもこうした著作を世に問う理由は、VTuberという存在が、様々な哲学的難問を引き起こすほどに、複雑で多層的な存在だからである。今日のVTuber文化において、VTuberは単にリアルとも言えず、単にフィクショナルとも言えない独特な性質を有している。こうした独特な存在者の在り方を哲学研究者が真正面から検討するという仕事は、決して無益ではないはずである。また、VTuber文化が持つ社会的・経済的インパクトは日々増しており、数多くの人々がこの文化の特質や構造に関心を寄せているのも事実である。こうした意味においても、たとえ本書が小著に留まるとしても、VTuber文化を哲学的に研究するための最初の一歩を提示するのは有意味であるように思われる。

1.1 本書の目的

本書はVTuberを対象とした哲学の本である。リアルな性質とフィクショナルな性質を共に持ち、様々な文化潮流が交差する中で生まれた存在者――それがVTuberである。本書はこうしたVTuberと呼ばれる存在を哲学的に考察することを目的としている。

筆者は大学で哲学研究に従事する研究者である。筆者がとりわけ専門としてきたのはフランスの哲学者ポール・リクール（Paul Ricœur, 1913-2005）の思想であり、本書においても、リクール哲学を学んだ人間ならではの議論が登場することだろう。そうした意味においては、本書は「大陸哲学」的なスタイルによって書かれていると言える。

だが、それだけではない。筆者は松永伸司の『ビデオゲームの美学』（慶應義塾大学出版会、二〇一八年）に多大なる影響を受けており、『ビデオゲームの美学』の議論が分析哲学の手法に則って構成されていることから、本書もまた「分析哲学」的なスタイルを（ある程度）意識して書かれていると言える。

そしてもう一つ強調したいことがある。それは、本書は哲学の本であって、決して歴史学の本ではないということである。「VTuberの哲学」と同様に、「VTuberの歴史学」という言葉も今後使われうるだろうが、本書は「VTuberの歴史学」をテーマとする本では全くない。本書はあくまでVTuberを哲学的に考察するために書かれた本である。本書において登場する事例は、すべて哲学の議論を分かりやすくするための具体例として提示されている。それは、例えばフィクション論の議論においてしばしば「シャーロック・ホームズ」が具体例として持ち出されるのと同じである。このとき、当該の議論に対して「コナン・ドイルの作品よりも、推理小説の起源にあたるエドガー・アラン・ポーの作品を例に挙げるべきである」という反応があったら、それは全く的外れな指摘ということになるだろう。なんとなれば、ここで重要なのはシャーロック・ホームズの具体例を挙げることで当該の哲学の議論を理解しやすくすることであり、決して「世界最古の推理小説とは何か」という問いにかかずらうことではないからである。

とはいえ、このことは「VTuberの歴史学」の必要性を否定するものでは決してない。むしろ筆者は、VTuberの歴史を体系的に学べる著作が世に出るのを切望している一人である。だが、筆者はいま、哲学者としてこの哲学書を書いている以上、哲学の議論を構成することに専念しなければならない。したがって、例えば「キズナアイ以前のVTuberをどのように考えるのか？」、「黎明期から今日にかけて、VTuber文化はどのような変遷を辿ったのか？」などの歴史的な問いは、それ自体VTuber研究のトピックとして極めて重要なものではあるが、「VTuberの哲学」をテーマとする本書が扱う問いではないのである。

また、本書が「VTuberの定義」を試みるものではないということも指摘されるべきであろう。VTuber全体の定義を試みるためには、世界中に存在するVTuberの具体例を幅広くチェックし、それらに共通する要素を取り出さなければならないだろうが、そこまで丹念に事例を調べ上げる余力は筆者にはない。確かに、VTuber全体の傾向性を緩くまとめる説明なら打ち出すことができるだろう。例えば、「2Dないし3Dのモデルを用いて何らかの配信活動を行う存在者」という説明は、VTuber全体を緩くまとめる定義として機能するかもしれない。だが、こうした説明は、議論の出発点として何かメリットがあるようには思われない。本書がVTuberの厳密な定義を求めるものではなく、あくまで典型的にVTuberと呼ばれる存在者に見られる一般的な特徴について哲学的に考察する著作であるということを理解されたい。

1.2 本書の対象

本書が対象とするのは、今日のVTuber文化の中核を担う典型的なVTuberたちである。今日、「VTuber」と呼ばれる存在者は多種多様であるが、その中でも本書は「HIKAKIN」や「ガッチマンV」のような「配信者タイプ」でもなく、「麻宮アテナ」や「ゴールドシップ」のような「虚構的存在者タイプ」でもないようなVTuberを中心に扱う（詳しくは本書第一章第一節にて後述）。もう少し積極的な仕方で述べるならば、本書が対象とするVTuberは、今日のVTuber文化のトレンドを作り、様々な文化的・経済的なインパクトを社会に与え、近年専ら「VTuber的」と目されている配信活動の「様式（style）」を普及させているVTuberである。

こうした意味においては、本書が想定するVTuberは幅広い。「「VTuber」と呼ばれる数多くの存在者の中で、配信者タイプでもなく、虚構的存在者でもないタイプのVTuberを対象にする」という記述は、結果として幅広い層のVTuberを想定することに繋がるだろう。

だが、こうした「本書が対象とするVTuberのタイプ」と、「実際に本書で事例として挙げられているVTuber」の二つは、全く一致しない。むしろ本書においては、膨大な数のVTuberたちの中で、本当にごく僅かのVTuberたちしか事例に挙げることができていない。本書において事例として挙げられているのは、（注も含めるならば）例えば「.LIVE（どっとライブ）」、「にじさんじ」、「ホロライブプロダクション」、「Virtual eSports Project「ぶいすぽっ！」（以下、「ぶいすぽっ！」）」、「ななしいんく」、「Re:AcT（リアクト）」、「あおぎり高校」、「Neo-Porte（ネオポルテ）」、「のりプロ」、「深層組」、「プロプロプロダクション」などのVTuberグループに所属しているVTuberたち、そしてこれらの礎となっている「バーチャルYouTuber四天王」などである。

本書においては、議論の焦点がぶれてしまわないように、考察の範囲を基本的に「企業」所属のVTuberに限定せざるを得なかった。しかし、VTuber文化の流行や隆盛に多大なる貢献を果たした「個人勢」の具体例をほとんど入れることができなかったのは、本書の弱点の一つである。また、(「VShojo」などのVTuberエージェンシーをはじめとした)海外のVTuber文化の動向をほとんど追うことができず、日本国内のVTuber文化の事例を土台に理論が組まれていることも、本書の射程の限界を表しているだろう。さらに、考察の範囲が基本的に「YouTube」に集中しており、「ニコニコ動画」や「REALITY」、「IRIAM」などのプラットフォームにおいて育まれているVTuber文化をすくいとれていないことも本書の弱点である。筆者の力量では叶わなかったが、いつか「個人勢VTuber」や「海外勢VTuber」が、様々なプラットフォームで(黎明期から今日にかけて)VTuber文化において果たした役割の重要性にスポットを当てた著作が世に出ることを、筆者は願っている。

また、タイプ分けも現時点では非常に粗いものに留まるという点は指摘されねばならない。例えば本書が対象とするVTuber(第一章第一節において暫定的にCタイプのVTuberと呼ばれるVTuber)の中には、配信者タイプに近いVTuberもいるし、虚構的存在者タイプに近いVTuberもいるだろう。タイプ分けの作業は常に境界線上の事例を生み出してしまう。さらに近年、七海うららさんが用いる「パラレルシンガー」という呼び名に示されているように、現実の身体とVTuberの身体を共に提示するという「混合型」のタイプも目立っている。本書においては、こうした境界線上に位置するVTuber（およびそのファンの鑑賞体験）についての個別的な分析ができなかった。もとより、この小著だけではそこまで細かい作業は望むべくもない。VTuber研究は、究極的には個別研究（例えば『キズナアイ論』や『月ノ美兎入門』）に行きつくと筆者は考えており、典型的なVTuberの一般的な特徴についての考察に留まる本書は、来るべきVTuber研究の土台の一部を形成する役割しか果たさないであろう。

1．3　本書の用語法

本書においては、いくつか重要な用語を導入する。哲学の用語に関してはそのつど説明を加えていくが、この段階で説明を付した方が良いのは、「配信者」、「モデル」、「VTuber」の三つの用語である。

まず、本書においては、一般に用いられている「中の人」という俗称を用いず、「中の人」と一般に言われている存在者を一律に「配信者」と呼び表すことにする。これは、「中の人」という表現を用いることで、余計な先入観が入り込んでしまうことを防ぐためである。だが、「VTuberの配信者」という表現に馴染みがなければ、「VTuberの中の人」という表現に適宜置き換えて読んでもらっても構わない。なお、特に注意してもらいたいのが、本書においては、「配信者」という呼称に含まれる「配信」という語が、「インターネットを用いて企業や個人が動画や音楽などの情報・コンテンツを送信すること」という広い意味合いで用いられているということである。つまり、（今日のVTuber文化においては、一般に「配信者」という言葉で「ライブ配信者」が意味されることが多いのであるが、）本書で用いる「配信者」という用語は、「ライブ配信者」に限定されるわけでは決してないということである。いわゆる「動画投稿者」も、本書で用語として用いる「配信者」の中に含まれているという点に注意されたい。なお、こうした用語法はあくまで本書の議論を展開するために便宜上用いられているものであり、例えばVTuberが「私が配信者（＝ライブ配信をメインに行う活動者）になった理由は……」などと話す用法を決して否定するものではないということは付言されなければならない。

次に、本書においてはVTuberの身体に対して、「アバター」ではなく「モデル」という呼称を当てはめる。これは、VTuberの身体が得てして「2D／3Dモデル」という仕方で表記されることに由来する。また、「アバター」という言葉は「配信者（中の人）」の「分身」という意味合いを含意してしまう恐れがあり、知らず知らずのうちに「VTuber＝配信者」という図式を取る「配信者説」の立場（詳しくは本書第一章第二節にて後述）を取ってしまう可能性がある。また、配信者から独立した存在者として「VTuber」という存在を生み出そうとする「VTuber文化」と、あくまで現実世界に生きる人間がコスプレ感覚でアバターを身にまとう「アバター文化」を区別して考えたいという筆者の考えもあり、VTuberの身体を「アバター」と呼ぶことは避けた（ただし、このことは裏を返せば、配信者タイプのVTuberの身体に対しては「アバター」という呼称を採用しても何ら問題はないということになる）。

最後に、本書においては「バーチャルYouTuber」、「VTuber」、「バーチャルライバー」、「Vsinger」など、(自称・他称を含む仕方で) 様々な呼ばれ方をしている存在者たちを、一律に「VTuber」と呼ぶことにしている。こうした方針については賛否両論があるだろうが、「VTuber」という語が「バーチャルYouTuber」の略称であるという見解は未だに根強いものであるし、「バーチャルライバー」や「Vsinger」も、今日「VTuber」と呼ばれる存在者によるる活動実践に含まれるような活動を行っていると思われるので、そうした存在者をまとめて本書においては「VTuber」と表記することにした。逆に、上記の呼称すべてを含む名称の候補としては「バーチャルビーイング (Virtual Being)」が挙げられるが、「バーチャルビーイング」という名称は今日のVTuber文化において明らかに馴染みがなく、本書の射程がかえって見にくくなってしまうため、本書においてこの名称を採用することは一貫して避けた (もしも今後『バーチャルビーイングの哲学』なる書籍が執筆されるなら、それは間違いなく今日の「VTuber文化」のみならず、「アバター文化」や「メタバース文化」、さらには「Lil Miquela」をはじめとした「バーチャルインフルエンサー」論なども射程に入った著作となることだろう)。

さて、用語法の話題とは異なるのであるが、本書においては表記法の観点から重要な特徴があることをここで指摘しておきたい。それは、本書は原則、VTuberの名前のあとに「さん」という敬称をつけているということである。例えばキズナアイさん、電脳少女シロさん……といった具合に、である (文脈に応じて、「キズナアイ」、「電脳少女シロ」など、カギカッコの次にフルネームを記載するという表記法を取る場合もあるが、その場合も指示対象は変わらない)。確かに、一般的な論文や学術書において、論及される人物名に「さん」をつける慣例はない。議論の中でリクールやアリストテレスのことを「リクールさん」や「アリストテレスさん」と呼ぶ論文があったとしたら、かなり奇妙な印象を受けることだろう。リクールやアリストテレスに対しては敬称をつけず、キズナアイさんや電脳少女シロさんに対しては敬称をつけるというのは、紛れもなくダブルスタンダードである。

　こうした批判を受けるリスクを引き受けてまで本書が一貫してVTuberを敬称で呼ぶ理由とは一体何なのか。それは、VTuberが人格的存在者であることを記述のレベルで明示するためである。VTuber文化に馴染みのない人々は、VTuberの容姿をみたときに、ほとんど例外なくアニメやビデオゲームに登場するキャラクターの類いだと考えることだろう。そして、VTuberが登場する記述を読んだときに、こうした実在しない人物と並んでそのまま名前が表記されてしまっては、VTuberを「人格を持たない存在者」と誤解してしまう読者がさらに増えてしまう恐れがある。そこで本書においては、VTuberが私たち人間と同じく人格を持つ存在者であることを誤解のないように読者に示すべく、VTuberに対して敬称を用いるという決断をした。ただし、ここで注意されたいのは、筆者は決して「VTuberに敬称をつけない書き手は、VTuberのことを非人格的な存在者と見なしている」ということを主張したいわけではない、ということである。VTuberを人格的存在者と見なす書き手も、論文や学術書の作法に則って VTuber に敬称をつけないことはよくあるだろう（むしろそれが通例である）。ただ、本書においては「VTuber 文化に興味はあるけど、よく知らない」という一般の方々（#リスナー）もこの本を手に取ってくれる可能性を考え、「VTuber とは基本的に敬称で呼ばれるべき存在である」という主張を最も分かりやすく（すなわち記述のレベルで）伝えるべく、VTuber を敬称つきで記載することにした。ただし、VTuber が人格的存在者だということが社会的に十分周知された段階においては、本書のようにわざわざ「さん」づけで VTuber の名称を書く必要もなくなるだろう。

繰り返しになるが、この本は VTuber の哲学研究の「ゴール」を示すものではない。むしろ、これからの VTuber の哲学研究の「スタート地点」をささやかな形で示すものである。だが、この小著の存在によって、これからの VTuber 研究がより活発なものになるのであれば、筆者にとってこれ以上幸せなことはない。

この本は広大な VTuber 文化を見通すための、一つの「仮説」を提示する試みである。こうした仮説がどこまで通用するのか、そしてそれが、VTuber という存在をどこまで言語化することに成功しているのか——それを、読者の方々と共に、私も考えていきたいと思う。

VTuberの哲学

目 次

VTuberの哲学

第一章　VTuber の類型論と制度的存在者説

本書はまず第一章において、本書が扱うVTuberの範囲を制限する。今日のVTuber文化においてVTuberの種類は非常に多岐に渡っており、それらすべてのVTuberたちを網羅的に扱うことなど到底できないからである。だが、あらかじめVTuberの諸タイプを積極的な仕方で定義し、「本書においてはこれらのタイプを扱う」と宣言するという方法もまた難しい。なぜなら、そのようにVTuberのタイプを細かく整理するという作業だけでも一冊の本が書けてしまうものであるし、VTuberのタイプを積極的な仕方で定義するという作業は、そもそも個別具体的なVTuber研究の積み重ねや論証の上でなされるべきだからである。このように、VTuber研究はその入り口からして難しいのであるが、本書においては次善の策として、本書が扱うVTuberのタイプを消極的な仕方で定義するという方法を取ることにする。本章は第一節において、まず「配信者タイプ」のVTuberと「虚構的存在者タイプ」のVTuber

を分ける。前者の例は「HIKAKIN」、「ガッチマンV」などであり、後者の例は「麻宮アテナ」、「ゴールドシップ」などである。そして、こうした両タイプのどちらにも分類できない第三のVTuberのタイプが存在すると本書は主張する。この時点では「配信者タイプでもなく、虚構的存在者タイプでもない第三のタイプ」という消極的な定義しかできていないが、今日のVTuber文化をリードする存在である「にじさんじ」、「ホロライブプロダクション」、「ぶいすぽっ！」などのグループに所属するVTuberたちは、基本的にこの第三のタイプに分類されるように思われる。本書は「具体的にどのVTuberがどのタイプに分類されるのか？」という個別的な議論を展開するわけではないが、少なくとも本書が対象とするVTuberが「配信者タイプ」でもなく「虚構的存在者タイプ」でもないことははっきり伝えることができるだろう。さらに、こうした第三のタイプのVTuberこそは、管見の限り、今日のVTuber文化をリードし、数多のトレンドを作り、その文化形成に大きな貢献を果たしている中心的なVTuberたちである。もとより、どのような研究分野であったとしてもはじめから網羅的な著作を書くことはできないという制約を考えるならば、最初の著作においてまずこうした典型的なVTuberを考察の対象に選ぶことは、決して不合理な選択ではないだろう。数の上では企業に所属するVTuberよりも、企業のバックアップがない形で活動する「個人勢」のVTuberの方が圧倒的に多いにもかかわらず、本書が基本的に「企業勢」のVTuberの事例を挙げているのは、こうした理由からである。

続けて第二節において、こうした第三のタイプのVTuberを考察するためにどのような研究のアプローチが要請されるのかについて検討する。VTuberの存在論的身分を検討する際に、まずは出発点として、おおむね四つの立場が想定可能であるように思われる。一つ目が配信者説であり、これはVTuberの存在を配信者（いわゆる中の人）と同一視するものである。二つ目が虚構的存在者説であり、これはVTuberの存在を虚構的存在者と同一視するものである。三つ目が両立説であり、これはVTuberの存在を配信者および虚構的存在者の双方と同一視するものである。そして本書が立脚する立場が、四つ目の非還元主義である。非還元主義とは、VTuberを構成する要素のどれか一つにVTuberを還元することを認めない立場である。非還元主義から見れば、配信者説も虚構的存在者説も、（何に還元するのかについては見解がはっきり分かれているものの）どちらも還元主義に属する議論である。そして第三のタイプのVTuberを分析するためには、こうした非還元主義に立脚した議論が求められていると主張するのが、第二節の議論である。

そして第三節においては、非還元主義に具体的な理論的骨子を与えるために、ジョン・サール（John Searle, 1932-）の社会的存在論の議論を導入する。非還元主義は還元主義の立場を認めない議論であるが、これだけでは、「具体的にVTuberをどのような存在として規定するのか？」という点が未だに明示されていないからである。サールは『社会的世界の制作(Making the Social World)』（二〇一〇年）の中で、「Xは文脈CにおいてYと見なされる」という構成的規則について論じ、こうした構成的規則を含む宣言を通して制度的現実が創出されると論じた。そして第三節においては、「大統領」や「会社」といった制度的存在者と同じく、「VTuber」もまた制度的存在者であると論じる。すなわち本書が採用する立場は、非還元主義の中でも、とりわけ制度的存在者説と呼ばれる立場なのである。

最後に第四節においては、VTuberのアイデンティティ論について論じる。第三節の議論の末尾において「VTuberとして活動状態にある」という文言が登場するのであるが、この「VTuberとして」という状態を、本書においては「「VTuberとしてのアイデンティティ」を保持しながら何事かの配信活動を行うということ」として捉え返す。そして、「VTuberとしてのアイデンティティ」がいかにして構成されるのかについて論じるのが第四節の課題である。第四節においては、ポール・リクールのアイデンティティ論を援用しつつ、「VTuberとしてのアイデンティティ」が次の三つのアイデンティティの混交によって成立すると論じる。一つ目が「身体的アイデンティティ」、二つ目が「倫理的アイデンティティ」、そして三つ目が「物語的アイデンティティ」である。これら三つのアイデンティティが複合的に重なることによって、「VTuberとしてのアイデンティティ」が成立すると論じるのが第四節である。これら一連の議論を通して、「第三のタイプのVTuber」（後述する「非還元タイプのVTuber」）を「制度的存在者説」の観点から論じるための土台を形成するのが、本章の役割である。

第一節　VTuberの類型論

今日のVTuber文化において、「VTuber」と呼ばれる存在者の種類はあまりに多様である。そのため、「VTuberとはXの性質を有する存在者である」という議論を事前準備なく行っても、「それはVTuberの種類による（当てはまるVTuberと当てはまらないVTuberがいる）」という結論に終始しかねない。そのためまずは、VTuberの類型論を暫定的に提示し、本書全体が対象とするVTuberの種類を特定する作業に入らなければならない。[1]

本書全体の出発点として、本章第一節においてはVTuberを大きく三つの仕方で分類する。本節の議論を見通しやすくするために、まず「見取り図」を出しておくのは無益なことではないであろう。（本書の中心的な主題となる「Cタイプ」の詳しい説明については後述。）

A．配信者タイプ

特徴：「現実世界」[2]（実写的な世界）に生きる配信者が、元々活動していた名義の配信者と同一の存在であるという提示を公式に行いながらVTuber活動を行っている。また、現実世界に生きている配信者が、単にアバターを身にまとっているだけという提示を公式に行いながらVTuber活動を行っている。

B. 虚構的存在者タイプ

特徴：「虚構世界」[3]（フィクション作品の世界）を出自とする作中人物が、「原典」となる虚構世界の事実や設定に従う方向でVTuber活動を行っている。また、VTuberとしてデビューした存在者が、何らかの脚本や台本に従いつつ、断片的にフィクショナルな物語を展開するという仕方でVTuber活動を行っている。

Cタイプ

特徴：AタイプとBタイプの双方の特徴を見出すことができるが、AタイプにもBタイプにも割り振ることができないタイプのVTuber。

それぞれ、簡単に説明していきたい。例えばAタイプのVTuberの分かりやすい事例は「HIKAKIN」である。元から「YouTuber」として活躍していた「配信者」[4]の「HIKAKIN」は、二〇二一年八月三日にVTuberになった姿を公開した。これは、元々現実世界で「HIKAKIN」名義で活動していた配信者が事後的に「アバター」[5]を身にまとった事例であるので、「配信者タイプ」のVTuberとして分類することができるだろう。また、「ガッチマン」[6]はホラーゲームの実況を専ら行う配信者であるが、「ガッチマン」は二〇二〇年五月七日から「ガッチマン

V」の名義でVTuberとして活動している。この時、「ガッチマンV」という名義は「ガッチマン」という名義に準ずる仕方で（公式にその同一性が提示される仕方で）付与されたものであり、そこには明らかな連続性が見られる。このように、配信者（俗語で言うところの「中の人」）の存在との連続性が公式に明示されているタイプのVTuberは、基本的に「配信者タイプ」として分類しておくのが穏当であろう。[7]

また、「バーチャルのじゃロリ狐娘YouTuberおじさん」ことねこますさんはバーチャルYouTuber四天王の一人に数え上げられている人物であるが、彼は「現実世界に生きている配信者が、単にアバターを身にまとっている」という提示を公式に行っていたので、彼も配信者タイプのVTuberとして区分しておくのが妥当であろう。また、現実世界に生きている配信者がアバターを身にまとっていることを公式に提示しているのであるが、日常生活の中で発揮されていないアイデンティティをそのまま実現するためではなく、むしろ日常生活の中では隠蔽・抑圧されているアイデンティティを解放するためにアバターの身体でメタバース上で暮らしを営むVTuberたちも存在する（例えばバーチャル美少女ねむさんや蘭茶みすみさん）[8]。このように、配信者タイプといってもその内実は一枚岩ではなく、非常に多様なのである。

次に、Bタイプの分かりやすい事例は『サイコソルジャー』および『ザ・キング・オブ・ファイターズ』シリーズに登場する「麻宮アテナ」である。「麻宮アテナ」は二〇一八年八月三日に「【自己紹介】初めまして！ＫＯＦオールスターの麻宮アテナです！」[9]というタイトルの配信にて「バーチャルYouTuber」として提示された虚構的存在者である。「麻宮アテナ」は『サイコソルジャー』および『ザ・キング・オブ・ファイターズ』の虚構世界の中にいる作中人物であり、一連の動画の中で、「バーチャル YouTuber」として様々な企画に挑戦している。こうした事例は、「虚構的存在者タイプ」のVTuberとして分類することができるだろう。なお、自ら「バーチャル YouTuber」ないし「VTuber」を自称しているわけではない（むしろ「YouTuber」として自称している）のだが、実際にVTuber的な活動を行い、鑑賞者から幅広く「VTuber」として認知されている存在として、二〇一八年三月二十五日に初配信を行った『ウマ娘 プリティーダービー』の「ゴールドシップ」を挙げることができる。「VTuberとして自称すること」がVTuberの定義に含まれるかどうかという問題に対して本書の立場はオープンなものであるが、鑑賞者による受容という観点を強く打ち出すならば（そして「ゴールドシップ」自身が国内最大級のVTuber音楽イベント「VTuber Fes Japan 2022」に出演したという事実を考慮に入れるならば）、「ゴールドシップ」は虚構的存在者タイプのVTuberとして分類されることも可能であるだろう。また、断片的にフィクショナルな物語を展開する「げんげん」や「鳩羽つぐ」といった存在も虚構的存在者タイプのVTuberとして区分するのが妥当であろう。[10][11][12]

このように、AタイプとBタイプのVTuberは非常に分かりやすいものである。そして、この両タイプには相違する点と共通する点の二つが見られる。まずはっきり違うのは、両者は出自が全く異なるという点である。例えば「HIKAKIN」は現実世界に根差した存在者であり、「麻宮アテナ」は虚構世界に根差した存在者である。両者の存在様態は全く異なるものであり、この点における両者の違いは明らかである。

しかし、共通する点として、両者ともに、事後的にVTuberの姿（活動形態）を獲得したという点を挙げることができる。「VTuberとして活動する」という特徴は、あくまで事後的に付け加わったものである。逆に言えば、「HIKAKIN」の活動と「麻宮アテナ」の活動において、「VTuberとして活動する」という特徴は、全く本質的ではないのだ。そのことを証明するかのように、「HIKAKIN」はすでにVTuberとしての活動を長らく行っていないし、「麻宮アテナ」は二〇一八年十二月七日以降、「バーチャルYouTuber」として動画投稿を行っていない。しかし、そうであるにもかかわらず、「HIKAKIN」は変わらず「HIKAKIN」として現実世界に存在し続け、「麻宮アテナ」も「麻宮アテナ」として『サイコソルジャー』および『ザ・キング・オブ・ファイターズ』の虚構世界の中に存在し続けているのである。このように、A・Bタイプにおいては、差異性と類似点の双方を見出すことができるのだ。

さて、それでは今日のVTuber文化において、VTuberの在り様はこうしたAおよびBタイプだけで説明できるだろうか？　これだけではできない、というのが本書の立場である。

実際、AおよびBタイプの在り様とは明示的に区別される仕方でVTuberとしての活動を展開しているVTuberたちがいる。例えば、典型的には、「.LIVE（どっとライブ）」、「にじさんじ」、「ホロライブプロダクション」、「ぶいすぽっ！」、「ななしいんく」、「Re:AcT」、「あおぎり高校」、「Neo-Porte」、「のりプロ」、「深層組」、「プロプロプロダクション」[13]などのVTuberグループに所属しているVTuberたち、そしてこれらの礎となっている「バーチャルYouTuber四天王」[14]がそうであろう（その他、こうした黎明期〜現在にかけて活躍したVTuberたちに憧れて、こうしたVTuberたちのスタイルを模倣する形でデビューした「個人勢」のVTuberも、当然本書が対象とするVTuberとしてカウントされることになる）。彼ら、彼女らを本書においては暫定的にCタイプと呼ぶ[15]。

確かに、Cタイプの活動形態には、上述したAタイプ的な特徴とBタイプ的な特徴の双方を見出すことができる。彼らはライブ配信中に現実世界で何らかの行動を起こした際の出来事について語る。例えば、コンビニに行ったときの話をしたり、収録が大変だったときの話をしたりする。こうした振る舞いは、明らかにAタイプ的であるように見える。だが、彼らには往々にして、一見フィクショナルにしか解釈できないようなプロフィール文が付されている。例えば彼らは「天使」であったり「魔王」であったりするのだ。こうした存在の在り方は、明らかにBタイプ的であるように見える。

だが、同時にCタイプのVTuberは、AタイプともBタイプともはっきり異なる仕方で存在の提示がなされている。まず、CタイプはAタイプと異なり、現実世界に根差す特定の人物との同一性が公式に明示されているわけではない。AタイプのVTuberは「配信者」（いわゆる「中の人」）との同一性が公式に明示されている。しかし、CタイプのVTuberにおいてはそうではなく、両者は切り離された関係にある。[16] そこから見えるのは、「配信者」のアバター上の姿という提示に留めてしまうのではなく、あくまで独立した一つの存在者（元の「配信者」からは独立したタレントやアーティスト）として「VTuber」という存在を確立しようとする企図である。本書が特に注目したいのは、こうした企図のもとでCタイプのVTuberたちが独特な配信活動の文化を紡いでいる事実である。また、CタイプはBタイプと異なり、「原典」としてあらかじめ制作された虚構世界に根差す作中人物ではない。CタイプのVTuberには、継続的かつ厳密な演技が要求される「台本」や「脚本」といった類いが基本的には用意されていないのである。[17]

このように、CタイプのVTuberからは、AタイプともBタイプとも異なる配信実践を見出すことができる。彼らの特徴は、部分的には配信者や虚構的存在者に属する性質から構成されつつも、決して配信者や虚構的存在者には還元されないような配信実践を行っているということである。そして本書の目的は、こうしたCタイプのVTuberの在り方を、今日の「VTuber文化」の中で展開される実際の配信実践に即しながら明らかにすることである。

さらに、CタイプのVTuberは、「VTuberであること」が本質的であるという点も特徴的である。前述したように、A・BタイプのVTuberは、VTuberとして活動しなくとも元の存在を問題なく維持できる。だが、CタイプのVTuberは、VTuberとしての活動を引退してしまったら、もう元の存在を維持することはできないのだ。しばしばVTuberの引退はそのVTuberの「死[18]」として捉えられることがあるが、こうした直観を人々に与えるようなCタイプの存在の構造を明らかにするのも本書の目的である。[19]

第二節　配信者説・虚構的存在者説・両立説

前節においては、VTuberの類型を三つに大別し、本書の中心的な主題となるCタイプのVTuberについて見取り図を与えた。

さて、それではこうしたCタイプのVTuberの在り様を解明するために、一体いかなるVTuber論が要請されるのであろうか？　本節においては三つのアプローチ（「配信者説」・「虚構的存在者説」・「両立説」）について検討したのちに、「非還元主義」というアプローチが要求される理由について述べる。

まず、「還元主義」と呼ばれる立場について紹介したい。分析哲学の研究者である篠崎大河は、「還元主義」を「ある説明を要するような存在者（被説明項）を、説明を要さないような既知の存在者（説明項）と何らかの仕方で同一視することによって、被説明項の形而上学的本性を明らかにしようとする考え方[20]」として説明する。すなわち、「ある被説明項のあり方を明らかにするためにそれを説明項と同一視すること[21]」が、ここで「還元」と呼ばれるのである。[22]そして本書においては、VTuber論における還元主義を次の二つに大別する。一つが配信者説であり、もう一つが虚構的存在者説である。

配信者説とは、VTuberの存在を配信者と同一視する立場である。[23]今日のVTuber文化において、配信者の存在は非常に大きいものとなっている。実際、ファンに対して事前通告なく配信者(いわゆる「中の人」)を変更して炎上騒動となった「ゲーム部プロジェクト」の事例を想起するならば、「配信者が変わってしまったならば、VTuberの同一性は担保されない」という直観は多くのVTuber鑑賞者たちの間で共有されているように思われる。そして、こうした判断と結びつきやすいのが、「VTuber」と「配信者」を同一視する立場である。

配信者説を採る場合、私たちは「VTuberを現実世界の配信者として鑑賞する」(例:VTuberがコンビニに買い物に行ったときの話をした際、「このVTuberは現実世界にいる人間なのだな」と判断しながらそのVTuberを鑑賞する)という実践と結びついた直観を拾うことができる。ただし配信者説を取る場合、(1)CタイプのVTuberがときに虚構的存在者のように振る舞うという点と、(2)「HIKAKIN」のような「配信者タイプ」のVTuberと配信実践上の観点からいかに区別するのかという点(あるいは区別しないならば、いかにその立場を正当化するのかという点)について説明を与えなければならない。

虚構的存在者説とは、VTuberの存在を虚構的存在者と同一視する立場である。今日の

VTuber文化において、VTuberは（漫画・アニメ・ビデオゲーム・ライトノベル等に代表される）「二次元文化」に特徴的な容姿で描かれることが多い。VTuberの制作過程において、企業側がアニメ的要素を持つ「キャラクター」[24]としてVTuberをデビューさせることがあったり、日本の二次元文化の中で活躍する漫画家やイラストレーターがVTuberのデザイン原案を担当したりするという事態が、VTuberの描かれ方に大きな影響を与えていると言えるだろう。こうした事態と結びつきやすいのが、「VTuber」と「虚構的存在者」を同一視する立場である。

虚構的存在者説を採る場合、私たちは「VTuberを虚構世界の登場人物として鑑賞する」（例：VTuberが「私、魔界出身だからさ」などと話すのを聞く際、「このVTuberは何らかの虚構世界の中にいる存在なのだな」と判断しながらそのVTuberを鑑賞する）という実践と結びついた直観を拾うことができる。ただし虚構的存在者説を取る場合、（1）CタイプのVTuberがときに現実世界の配信者のように振る舞うという点と、（2）「麻宮アテナ」のような「虚構的存在者タイプ」のVTuberと配信実践上の観点からいかに区別するのかという点（あるいは区別しないならば、いかにその立場を正当化するのかという点）について説明を与えなければならない。

そして両立説とは、VTuberの存在を配信者と虚構的存在者の双方に同一視する立場である。配信者説は「VTuberとは（VTuber活動を行う主体である）配信者である」と説明する立場であり、虚構的存在者説は「VTuberとは（VTuber活動を通して創造される）虚構的存在者である」と説明する立場であるが、両立説とは、「VTuberとは（創造する主体である）配信者であり、また同時に（創造される客体である）虚構的存在者でもある」と説明する立場である。言い換えれば、「VTuber活動を行う配信者も、それによって創造される虚構的存在者も、どちらも「VTuber」である」という主張を行うのが両立説である。

こうした立場は、「VTuberはときに配信者のように鑑賞され、ときに虚構的存在者のように鑑賞される」という事態について説明を与えてくれるかもしれない。こうした説明は、Aタイプおよび Bタイプ双方の特徴を見出すことができるCタイプのVTuberを説明する際に、日常的に持ち出されるものではあるだろう。だが、「VTuberが現実世界の配信者でもあり、また同時に虚構的存在者でもある」という事態が具体的にどういうことなのか、両立説は説明する必要がある。こうした点に関する説明を欠いてしまった場合、両立説は場当たり的なものに留まると言わざるを得ないだろう。

二つの還元説と両立説には、それぞれに強みがあり、また説明すべき課題がある。本書においては、こうした立場のポテンシャルを一つ一つ検討していくことはできない。これらの立場のポテンシャルは、「VTuberの哲学」を主題とした議論が成熟していくにつれて、徐々に提示されていくものであろう。だが、本書が提示したい立場は、このいずれの立場にも属するものではない。本書が提示するのは、〈Cタイプの VTuberは、配信者と（虚構的存在者を表象する）２Ｄないし３Ｄモデルによって部分的に構成されるが、それらの要素に還元されるわけではない〉という立場である。本書においては、こうした立場を「非還元主義」と呼ぶ。そして本書が探究するのは、ＣタイプのVTuberの在り方を非還元主義の立場から説明するという道である。

しかし、一体なぜ非還元主義という立場が要求されるのか？　それは、今日のVTuber文化においては、明らかに「HIKAKIN」や「麻宮アテナ」とは異なる仕方で提示されているVTuberたち（本書がまとめるところのＣタイプのVTuberたち）が、現に多数存在するからである。確かに、彼らは配信者やモデル（ないしそれによって表象される虚構的存在者）によって部分的に構成されているが、それらに還元されるような仕方の配信実践を実際行っていない（すなわち、活動様態からして非還元的であると言える）。もちろん、例えば配信者説のようにVTuberの在り様を説明するのは、「説明の単純さ」という意味で有力なアプローチかもしれない。しかし、今日のVTuber文化においては、実際に非還元的な仕方で配信実践および観賞実践がなされている。このような事態を考慮するならば、そうした現実に即した理論的オプション（すなわち非還元主義）もまた検討されるべきなのではないだろうか。こうした問題意識のもと、私たちは非還元主義という道筋について具体的に検討していくことにしたい。また、これ以降、本書において特に断り書きなく「VTuber」と表記されている場合、それはＣタイプのVTuberを表しているものとする。

第三節　非還元主義——サールの社会的存在論の観点から

前節までの議論において、配信者説、虚構的存在者説、両立説について検討したあと、非還元主義と呼ばれる立場（およびその立場を探究する理由）について述べた。だが、当然のことながら、還元主義を退ける非還元主義という立場は、それ自体複数のバリエーションが存在するものである。そこで本節においては、サールの社会的存在論を導入することで、本書が採用する非還元主義に理論的骨子を与えることにしたい。言い換えれば、本書が採用するのは、VTuberを「制度的存在者」として捉えるというタイプの非還元主義なのである。本節において私たちが探究するのは、VTuberを制度的存在者として捉える立場、すなわち「制度的存在者説」である。[25] まずはサールの議論について見ていこう。[26]

私たちの生きる世界には、単に自然的に存在する事物でもなく、かといって人間の認識にのみ依存する対象でもないものが存在する。それは例えば「紙幣」や「大学」といった存在である。これらは、それらを部分的に構成する物理的要素だけから成り立っているわけでもなく、人間の個別的な認識によってのみ成り立っている存在でもない。例えば、「紙幣」は何らかの印字がなされた紙片によって部分的に構成されているが、そうした紙片がそのままで「紙幣」という存在になるわけではない。紙幣の場合は、国立印刷局で印刷されたという事実が必要である。また、「大学」も土地や建物などによって部分的に構成される存在だが、土地や建物がそれだけで「大学」という存在を成り立たせるわけでもない。大学の場合は、教員や学生が在籍していて研究・教育活動を行っているという事実が必要である。そして、「これは紙幣である」や「ここは大学である」といった事実は、「なまの事実（brute fact）」[27]と対比して「制度的事実」と呼ばれる。こうした制度的事実や制度的現実の在り方について探究するのが、サールの社会的存在論の眼目である。

こうした「紙幣」や「会社」を、サールは「地位機能（status function）」とも呼ぶ。「地位機能」とは、「その物や人が元来有している物理的構造によるだけでは遂行しえない機能」（七頁）のことを指す。サールは複数の地位機能の例について説明しているが、ここでは「国王としての地位機能」について説明していく。

国王は長男xによって部分的に構成される存在であるが、長男xがそのままで国王という地位機能を獲得するわけではない。国王は、長男xには還元できない存在である。長男xが国王になれるのは、ある特定の規則、例えば「すべてのxについて、xが死去した前王の男子のうち最年長の者であるならば、xは王とみなされる」（一五一頁）という規則を満たしている場合である。こうした規則をサールは「構成的規則（constitutive rule）」と呼ぶ。「統制的規則（regulative rule）」が「あらかじめ存在する一定の行動形態に統制をかけるような規則」（一一頁）[28]である一方で、「構成的規則」は「そもそも統制の対象となるその行動の可能性それ自体を創出するもの」（一一頁）である。[29] こうした構成的規則を、サールは「一定の制度的事実が創出されるための条件を定める宣言」（一五三頁）とも述べる。すなわち、「すべてのxについて、xが死去した前王の男子のうち最年長の者であるならば、xは王とみなされる」という構成的規則は、「国王」という制度的存在者が創出されるための「宣言」に他ならないのである。

ところで、サールは発話行為を（陳述、記述などの）「主張型」、（命令、指示などの）「指令型」、（約束、誓約などの）「拘束型」、（謝罪、感謝などの）「表出型」などに分け、その五番目の発話行為として「宣言型」の特徴づけを行っている。こうした宣言型の特徴は、「一定の事実について、それをすでに存在するものと表象することでこの世界にその事実を創出するという働き」（一〇八頁）を有しているという点である。先ほどの国王の例で言えば、「ある人物が○○の条件を満たすことで国王となる」という事態が表象されることで、この世界に「国王」という制度的存在者が創出されるということである。そしてサールは、「ある地位機能について、その存在を表象することでその制度的現実を創出するような発話行為」のことを「地位機能宣言（Status Function Declaration）」（一六～一七頁）と呼んだ。こうした地位機能宣言によって、人間の制度的現実が創出・維持されるというのが、サールの議論の要点である。[30]

それでは、「構成的規則を含む地位機能宣言」（一五九頁）とはどのようなものだろうか？ サールは制度的事実の例に合わせていくつかの定式化を提出しているが、ここではVTuberの事例と最も構造的に近いと思われる「指導者としての地位機能」（タイプ2）から導き出された「地位機能宣言」の定式化を採用する。[31]

我々は、「条件pを満たす任意のxがCにおいて地位Yを有し、機能Fを遂行する」という事態を、そう宣言することで成立させる。（一五六頁）[32]

こうした構成的規則を満たす者が、何らかの指導者としての地位機能を持つことになる。先ほどの国王の例を当てはめるならば、以下のようになる。

我々は、「死去した王の存命中の男子のうち最年長の者であるという条件を満たす任意の人物が、当該の国家において「国王」という地位を有し、国王としての機能を遂行する」という事態を、そう宣言することで成立させる。

国王という制度的存在者を創出する地位機能宣言は、このような形で明示することができる。さて、それでは、VTuberという制度的存在者を創出する地位機能宣言はどのような形で定式化されるだろうか？　VTuberの場合、上述のような「条件p」を定めること自体が難しいのは言うまでもないだろう。そもそも、「こうした条件を満たしたならば、その者はVTuberとして見なされる」といった条件は、今日のVTuber文化において明文化されていないからである。だが、明文化されてはおらず、厳密なものでもないものの、最低限「VTuberとして見なされる」ために必要な条件として、次の二点を挙げることは慣例的に可能なのではないだろうか。すなわち、「VTuberとしてデビューする」という条件と、「VTuberとして活動する」という条件である。これらは元より「条件」というよりも、VTuberとして活動している存在者に広く共通する要素くらいのものである。逆に言うと、「VTuberとしてデビューもしておらず、VTuberとして活動もしていない」ような存在者を、「VTuber」として見なすことは通例難しいであろう。[33]そのため、こうした要素を地位機能宣言の「条件p」の位置に加えることとし、「文脈C」を「VTuber文化」と置くことにする。[34]ここに「配信者」や「VTuber」という語を当てはめていくと、次のようになるだろう。

我々は、「VTuberとしてデビューし、VTuberとして活動状態にあるという条件を満たす任意の配信者が、VTuber文化において「VTuber」という地位を有し、VTuberとしての機能を遂行する」という事態を、そう宣言することで成立させる。

こうした地位機能宣言を満たすような存在者（配信者）が、「VTuber」という制度的存在者として存在するに至る。[35]私たちはサールの議論を導入することによって、VTuberを単一の要素に還元せず、複数の要素が掛け合わされることによって構成される制度的存在者として見なすための入り口に到達することができた。

しかし言うまでもなく、現時点ではこの定式化は空疎に留まっている。というのも、「VTuberとして活動状態にある」という事態の内実が、未だに不明瞭だからである。「VTuberとして活動状態にある」とは一体どのような状態なのだろうか？　一体どのような状態でないと、「VTuberとして活動している」ことにならないのだろうか？

こうした問題に対し、私たちは「VTuberとして」という記述を手掛かりに議論を進めたい。ある存在が「VTuberとして」何事かの活動を行うということ、それは、ある存在が「VTuberとしてのアイデンティティ」を保持しながら何事かの配信活動を行うということに他ならないのではないだろうか？　配信者がそのままVTuberとして見なされうるのではなく、配信者がVTuberとしてのアイデンティティを保持することを通して、実際に「制度的存在者」としてのVTuberになり、そうした存在として鑑賞者から鑑賞されるに至る――本書が明らかにしたいのは、こうした構造である。

それでは、「VTuberとして活動している」という状態の前提に控えている「VTuberとしてのアイデンティティ」とはいかなるものだろうか？　次節から、この問題について取り組んでいきたい。[36]

第四節　VTuberのアイデンティティ論

前節においては、VTuberを制度的存在者として捉えるための筋道をサールの社会的存在論から得た。本節においては、「VTuberとして活動状態にある」という記述に含意された「VTuberとしてのアイデンティティ」がどのようなものなのか、そしてそれがいかに成立するのかという点について見ていくことにしたい。

VTuberとしてのアイデンティティは一飛びに形を帯びるようなものではない。VTuberとしてのアイデンティティが成立するには、そのアイデンティティが、（日常生活を送る）配信者のアイデンティティから少しずつ切り離されていくことが必要である。それでは、こうしたアイデンティティの分離はいかにして生じるのか。本節においては、その事態を三つに分けて分析する。すなわち、（1）モデルとの身体的な連動（身体的アイデンティティの成立）、（2）別様の名前への自己移入（倫理的アイデンティティの成立）、（3）配信活動を通した自己定立（物語的アイデンティティの成立）である。あらかじめ整理するならば、本節の議論は「身体的アイデンティティ」、「倫理的アイデンティティ」、「物語的アイデンティティ」の三つが成立し、それらが渾然一体となることを通して（「配信者のアイデンティティ」からは区別される）「VTuberとしてのアイデンティティ」が構成されるという事態を示す。言い換えれば本節は、

「VTuberとしてのアイデンティティ」が一体何によって構成されているのかを概念的に分析することで、前節の問いに答えるものである。

4.1 アイデンティティをめぐる哲学的問題

人間は社会生活の中で、自らを「何者か」として認識している。人間は、例えばあるときには「(誰かの) 子ども」、ある時には「(誰かの) 母」、「(誰かの) 友人」、「(誰かの) 先生」といった仕方で、自分自身を複数の役割のもとで理解するだろう。しかし、そうした役割に応じた理解では、未だに「アイデンティティ (自己同一性)」が獲得されたことにはならない。例えば十代前半の子どもは自らを「学生」という役割を持つ存在として理解するだろうが、だからと言って、その人物が確固としたアイデンティティを有していることにはならないからである。

アイデンティティとは、端的に述べるならば、「○○であるような自分こそが自分である」という仕方で獲得されている統合的な自己理解のことを指す。そして、一体何が人間のアイデンティティを担保するのかという問題は、伝統的に哲学上の難問として取り組まれてきた。例えばジョン・ロックは記憶や自己意識といった心的連続性こそが人間の人格的同一性を保証するという「意識説[37]」を提示し、バーナード・ウィリアムズは記憶だけでなく身体の同一性を要求する「身体説[38]」を提示した。他にも、「人格の同一性は私たちにとって重要なことではない[39]」と宣言することで人格的同一性をめぐる問題構成自体を変えたデレク・パーフィットの議論もあるが、本書においては、リクールのアイデンティティ論を導入することを通して、VTuberのアイデンティティについて検討することにする。

リクールは人間のアイデンティティを次の二つの側面に分ける。それぞれ、「同一性(mêmeté)」および「自己性(ipséité)」である。「同一性」とは、単にある同じ要素が持続しているだけの状態を指す。例えば「Xの性格」や「Yの服装」という要素が同じ仕方で継続している場合、同一性が保たれていると言えるだろう。これに対してリクールは、アイデンティティの問題において真に重要なのは「同一性」ではなく、「自己性」であると主張する。

それでは「自己性」とは何か。自己性とは、他性(自己とは異なるもの)からの呼びかけによって萌芽し、その都度引き受けられることを通して生じる自覚的なアイデンティティの在り方である。同一性と自己性を分かつ決定的な契機は、他性からの触発である。他性からの触発があって初めて生じるのが自己性であるのに対して、同一性は、むしろ他性からの触発が不在である中で存続する状態である。

硬直化した自己の様態に対して、ある種の「風穴」を開けるのが他性である。しかしそれでは、自己性として獲得されることになる自覚的なアイデンティティとは、例えばどのようなものなのだろうか？　それこそが、リクールが『時間と物語(*Temps et récit*)』(一九八三〜八五年)および『他としての自己自身(*Soi-même comme un autre*)』[40](一九九〇年)の中で述べる「倫理的アイデンティティ(identité éthique)」および「物語的アイデンティティ(identité narrative)」に他ならない。また、本書においてはこうしたリクールの議論に加え、身体的なアイデンティティの変容という事態についても論じる。VTuberとして活動することになった配信者（典型的にはデビュー時のVTuber）にとって、モデルは他性（自己とは異なるもの）に他ならない。こうしたモデルは、まさに物理的な身体という枠組みに囚われた身体的アイデンティティを変容させる力を有する。このように、リクールのアイデンティティ論をベースに、身体的アイデンティティ、倫理的アイデンティティ、物語的アイデンティティについて論じていくのが本節の目的である。

4.2　モデルとの身体的な連動——身体的アイデンティティの成立

私たちの目の前にいるVTuberたちは、表情を変えたり体を揺らしたりと、実に様々な動きをする。その動きはあらかじめプログラミングされたものではなく、画面の向こうにいる配信者の動きがモーションキャプチャーの技術によって取り込まれることで可能になっているものである。もちろん、（３Dモデルの場合は相当程度にリアルな動きを再現することができる一方で）「２Dモデル」[41]を利用するVTuberの動きは、現状まだぎこちなさが残るのも事実である。だが、何らかの機材トラブルにより、配信画面からモデルが見えなくなってしまった場合、VTuberたちは、決まって「私がいなくなった」と言う（「キャラクターがいなくなった」と言うのではない）[42]。実際に配信者の身体が消えてしまったわけではないにもかかわらず、モデルの不在は「私」の不在と同義になるのだ。

こうした理解は特殊なものではなく、VTuberがモデルの衣装を変更して「今日の私は〇〇のときの衣装です」などと述べるような場合も、同様の事態が起こっている。まさに、フランスの言語学者エミール・バンヴェニストが述べるように、「誰かが代名詞を発するということは、彼がそれらをみずから引き受けた[43]」ことを意味しているのである。すなわち、VTuberが配信者自身ではなく、モデルと連動する形で生起する自らの姿に対して「私」という一人称代名詞を適用するとき、VTuberは（配信者自身ではなく）紛れもないVTuberとしての自分自身を「私」として引き受けているのだ。

こうした一人称代名詞の適用を可能にするのは、まさにモーションキャプチャーによって実現される配信者とモデルとの間の身体的な連動である。配信者の「私」が動くことによって、その通りにVTuberの「私」も動く。こうした身体的な連動を繰り返しているうちに、「私」の意識が配信者からVTuberへと転移していくのである。

こうした現象は、VR研究においても確認することができる。ジェレミー・ベイレンソンは、スタンフォード大学で次のような実験を行った。

これはラボの壁に仮想的に作られた鏡で、被験者はそこに自分のアバター（分身）が映っているのを見る。被験者にはそのバーチャル・ミラーの前に立ち、九〇秒間さまざまな動きをして鏡に映る自分の姿をよく見てもらう。被験者が頭を左右に振ったり、耳が肩につくよう頭を傾けたりすると、バーチャル・ミラーに映る自分も同じ動きをする。続いて一歩前に出てみると、鏡の中の自分の像も少し大きくなる。[44]

これは、まさに日頃配信者がVTuberとして配信活動をする際に目にしている光景である。そして、こうした身体的な連動を体感し続けていると、やがて自分の意識がアバターに乗り移っているような感覚が被験者たちによって獲得される。こうした感覚は、VR研究においては「身体移転[45]」と呼ばれる。すなわち、バーチャル・ミラーの中に映るVR上の身体が、本当に自分の身体のように思えてくるのだ。このように、身体意識がアバターに乗り移ることで、物理的な身体とは異なるVR上の身体を自らの身体として感じ、それを所有しているものとして自己を認識する様態を、本書においては「身体的アイデンティティ」と呼ぶことにする。

こうした定義に従うならば、例えば電脳少女シロさんのチャンネルで公開されている「好き！雪！本気マジック」の「踊ってみた[46]」の動画や、ホロライブプロダクションが展開する「ホロぐら」や「スタこれ」といったアニメーション作品においては、配信者の動きがモーションキャプチャーによって取り込まれているわけではないため、配信者がその映像上のモデル（VTuber の姿）を見ても、そこに身体的アイデンティティを感じることはないと言える。もちろん、そうした映像を見て「これは私である」という感覚を抱くことはありえるだろうが、そのときの感覚は、本書で述べるところの「身体的アイデンティティ」とは区別されるものである。

現実世界において有する物理的な身体から、VR上のアバターへと「私」の身体移転が生じる——こうした身体的アイデンティティの獲得を通してこそ、配信者としてのアイデンティティと、VTuberとしてのアイデンティティが徐々に分裂していく兆しが見えるのである。

4.3 別様の名前への自己移入——倫理的アイデンティティの成立

4.3から、リクールの「倫理的アイデンティティ」および「物語的アイデンティティ」概念を手掛かりに、VTuberのアイデンティティについて検討していく。まずは「倫理的アイデンティティ」の要諦について確認していこう。

4.3.1 倫理的アイデンティティの導入

倫理的アイデンティティとは、(1)他者からの呼びかけに対して、(2)「私はここにいます(Me voici)」と応答し、かつ(3)そのような応答に連なる一連の行動を実践する義務を自らに課し、それを実践することで生起するアイデンティティである。リクールは「倫理的アイデンティティ」概念を必ずしも分かりやすい仕方で定式化してはいないが、彼の論述を上記の三つの要素から再構成することによって、倫理的アイデンティティ論の要諦を掴むことができる。

事態を簡明に記述するために、他者に呼びかけられる主体（「私」）をA、呼びかけを行う他者（「あなた」）をBと記述する。（1）他者からの呼びかけとは、BがAに対して「自分の行為に関して責任のある人格を求める」（SA, 179）ような呼びかけである。[47] BはAに対して人格的に「信頼できる」振る舞いをするように求める。もし仮にAが自己都合で場当たり的に振る舞うような人物であったとしたら、その人を人格的に信頼することはできないだろう（状況に応じて、何らかの目的を達成するための「手段」の一つとしては信頼されるかもしれない）。人格的な信頼とは、自分の行動や言動に対して責任を取るような統一的な人格の在り方を他者に示すことによって得られるものである。こうした「責任ある（comptable）」主体になるためには、それに先立って、「信頼する（compter）」ことができるように振る舞うことを要求する他者からの呼びかけが必要である（cf. SA, 195）。言わば「他者からの呼びかけ」とは、責任ある人格を獲得するための最初の契機をなすのである。

（2）「私はここにいます」という応答は、前述したような「他者からの呼びかけ」に応じることを約束することを意味する。リクールにとって「約束」とは、「私がしようと今日明言したことを明日行うという義務のもとに自らを位置づけること」（SA, 183）である。敷衍するならば、「私は、あなたが信頼できるような責任ある人格として振る舞い、そのような人物としてこの場にいる」ということを、AがBに対して約束することである。こうした約束こそが、自己統一的な人格をまとめあげる枢要な契機となる。[48]

（3）最後に、上述したような約束を守るために必要な一連の行動を実践する段階が来る。ここで求められているのは、「他者から信頼されるような責任ある人格」を実践を通して他者に対して示すことである。そうした人格を他者に向けて示すためには、コミュニケーションの場（典型的にはライブ配信やコメント欄）において、人格的統一性を棄損しないような行動を維持しなければならない。人格的統一性とは、まさに「自己維持（maintien de soi）」（SA, 195）されなければならないのである。そして、こうした実践を継続的に行う人物こそが、信頼可能な責任ある統一的人格、すなわち倫理的アイデンティティを保有しうるのである。

4.3.2 倫理的アイデンティティのVTuberへの適用

Cタイプの VTuber には、多くの場合明示的な仕方で「プロフィール文」が与えられている。[49] そして、プロフィール文に取り巻かれる仕方で用意されるのが、VTuber としての名前である。VTuber は典型的には現実世界の配信者の名前を使うことはない。紛れもなく、「月ノ美兎」は「月ノ美兎」として、そして「ときのそら」は「ときのそら」としてこの世界に存在しているのである。

それでは、プロフィール文を背景にして与えられた名前は、Xという名の VTuber として自己を見なす主体にどのような振る舞いを要求するのだろうか。それは、自らに与えられた名前に沿う形で鑑賞者たちに応答を行うという振る舞いである。

VTuberは、(VTuberとしての)自分の名前を呼ばれたとき、その呼びかけに対して応答を行う。この応答に含意されているのは、「私はXという名前のVTuberです」という宣言である。このとき、もし仮にそのVTuberが、当の配信活動を行っている現実世界の配信者の名前で呼ばれたとしたら、そのVTuberはどのような反応をするだろうか。おそらく、そうした(VTuberの鑑賞実践としては明らかに無粋かつマナー違反である)呼びかけに対しては応答をしないはずである。なぜなら、もしここで「はい」という応答をしてしまったならば、途端にVTuberという存在の同一性に疑義が生じてしまうからである。その姿勢に含意されているのは、「私はAという名前の配信者ではない」という宣言であろう。

「あなたはAという配信者ですか?」という呼びかけに対し、応答を行わないという姿勢。そして「あなたはXというVTuberですか?」という呼びかけに対し、応答を行うという姿勢。それは、XというVTuberとして「私はここにいます」と応答する義務に自ら従うことである。他者からの呼びかけに対して「私はここにいます」と応答し、かつそのような応答を行う義務を自らに課すことで生起するアイデンティティは、まさにリクールが言うところの「倫理的アイデンティティ」に他ならない。

ここで、前述した「自己性」および「同一性」の概念も取り上げてみよう。VTuberを例に取るならば、単に同じアバターが続いていたり、同じ言動がずっと続いていたりするだけの状況を「同一性」の例として挙げることができる。それに対して「自己性」とは、自己がまさに自己自身である状態を指し示す性質である。VTuberを例に取るならば、例えば月ノ美兎さんが「私は月ノ美兎であり、他の誰でもない」と述べるような事態を想定すれば事足りるだろう。

こうした自己（例：「月ノ美兎」としての「私」）の維持は、他者に対する約束（例：「私は月ノ美兎としてここにいます」）を果たし続けることによって初めて可能になるものである。こうした自己の維持は、単に制服姿のモデルや、配信者の声がずっと同一であった（すなわち「同一性」の条件を満たしていた）としても、それだけでは達成され得ない[50]。自己が特定の自己であるためには、そのような自己であることを請い求める他者に対して応答し、そのような自己として存在することを約束することが重要であるとリクールは主張するのである。自己の成立過程に他者の契機が必然的に求められると述べるリクールの主張は、独我論者からしたら到底受け入れられるものではないかもしれないが、他者に約束し続けることを通して初めて「私」が（他ならぬ）「私」であることを維持しうるという洞察は、日常の場面を考えても理解可能なものである[51]。そしてVTuberは、まさにVTuberとして他者からの呼びかけに応答し続けることによって、現実世界の配信者のアイデンティティとは異なる倫理的アイデンティティを獲得するのである。

こうした倫理的アイデンティティは、VTuberがAという配信者としての自分を積極的に提示したとき（すなわち「私はXというVTuberではない」ということを宣言したとき）、いとも簡単に消失してしまう。だが、逆に言うのであれば、「私はXというVTuberであり、かつXというVTuberとしてここにいる」という応答的な姿勢を保持し続ける限り、そうした行為は、紛うことなきVTuberとしてのアイデンティティの構築に寄与するのである。[52] まとめると、配信者に付与された名前やモデルに自己移入を行い、そのようなXというVTuberとしての倫理的アイデンティティを獲得することを通して、VTuberとしてのアイデンティティが形成されると言うことができるだろう。

4.4 配信活動を通した自己定立――物語的アイデンティティの成立

4.4においては、リクールの「物語的アイデンティティ」を手掛かりにVTuberのアイデンティティについて検討していく。まずは「物語的アイデンティティ」の要諦について確認していこう。

4.4.1 物語的アイデンティティの導入

物語的アイデンティティとは、簡潔に述べるのであれば、ある一定の物語を生きる登場人物として自らを位置づけることで獲得される自己理解を指す。こうした定式化に加え、ここで言われている「物語」がどのような性質を持っているのか、次の三点に分けて説明する必要があるだろう。

（1）物語るとは、ある出来事とその他の出来事を結びつけることを通じて行われる。例えばA・C・ダントーは、「一六一八年に三十年戦争が始まった」という命題は一六一八年当時に発話することはできず、「一六一八年に戦争が起こった」という出来事と、「一六四八年に戦争が終結した」という出来事の二つが結びつけられることによって初めて可能となる記述であると論じた。このようにダントーが分析した「物語文（narrative sentence）」[53]の構造を見るだけでも、私たちが物語を語る際に複数の出来事を結び付けている（あるいは無関係のものとして切り離している）ということが明らかになる。

（2）物語は、過去、未来、および現在といった時間軸に沿う形で語られる。例えば過去については「かつて……ということがあった」という仕方で、そして未来については「いつか……があるかもしれない」という仕方で語り出されることになる。そして、過去についての記憶や未来についての予期に挟まれ、それらと密接に結びつく仕方で、その都度（単なる「瞬間」の連続には還元されない）「現在」が人間の意識に生じる運びとなる。[54]こうした意味での「現在」を中心に、「かつて……ということがあったが、いつかは……したい」、「これまで……ということがあったので、これからは……したくない」といった物語が語り出されるのである。

（3）物語は読書行為や語り直しの行為を通して再構築される。ここでいう読書行為は必ずしも「テクスト」を読むという行為でなくても良い。誰かから物語を断片的に聴くという仕方でも、物語を読み解く行為になっている。そして、他者が紡ぐ物語に影響を受けて、自分自身の物語的理解が一変することがある。例えば、これまで自分が人一倍苦労していたと思っていた人が、それ以上に壮絶な環境で努力を積み重ねてきた人の物語を受容することで、自分自身についての語り方を変容させるという事態は往々にしてあり得る。言わば、異他的な物語によって自己に内閉する物語に風穴が開けられるのだ。そうした理解の変容を通して、人はこれまでとは違った自己語りをするようになるだろう。

4．4．2 物語的アイデンティティのVTuberへの適用

「バ美肉[55]」現象について研究する文化人類学者のリュドミラ・ブレディキナは、「VTuberはアバターとは異なり（中略）エンターテイナーやクリエイターとしての彼らの活動に直接的に結び付けられている[56]」と述べることで、「VTuber」と（「VRChat」や「Second Life」などに現れる）「アバター」との違いを明確に述べている。ブレディキナが述べる通り、VTuberがVTuberであることの所以は、（YouTubeというプラットフォームに制限されることなく）何らかの配信活動を行う点に存している。そして、そうしたVTuberとしての配信活動の蓄積と、現実世界の配信者が送る人生物語との間に徐々に開きが生じることによって、VTuberのアイデンティティが、配信者のアイデンティティから独立していくことになる。

例えば、初めはVTuberの配信活動と現実世界の配信者の人生物語との間に大きな齟齬は

ないだろう。日常生活の中で「あのゲーム配信をしよう」、「こんなコンセプトの歌枠をしよう」と企画をし、実際にそうした配信活動を行うというのは、非常に連続的な営みだからである。だが、そうしたVTuberとしての活動が蓄積し、アーカイブがそのVTuberの「歴史」を作り始めた段になって、そうしたVTuberとしての活動の歴史は、配信者が直面する人生全体の物語と必ずしも一致しなくなる。[57]

その大きな理由は、主に前述の倫理的アイデンティティに関わっている。あるXという名のVTuberが、配信者Aではなく、まさにXというVTuberとしてここにいるということを約束し、そのように他者に対して応答するということ——そのようにして前述の倫理的アイデンティティは保たれるのであった。そして、プロフィール文と結びついた名前と共に配信活動を行っていくVTuberの歴史は、あらかじめ決まった「筋書き」のない不揃いな物語を形成していくことになる。こうした配信活動の中で構成されていくのが、「物語的アイデンティティ(identité narrative)」である。改めて述べるのであれば、「物語的アイデンティティ」とは、ある一定の物語を生きる登場人物として自らを位置づけることで獲得される自己理解である。ある物語の中に自己を位置づけるということ、それは、「私」という存在を何と結びつけつつ(あるいは切り離しつつ)意味づけていくのかを選択する行為である。「私」の物語にはどのような来歴があり、どこにターニングポイントがあり、そしてどのような将来の展望が込められているのか。こうした過去と未来の時間軸を含んだ物語を語り出すことで、私たちは現在、および現在を生きる自己の理解を形作ることができる。このとき、そこに自己を位置づける物語が根本的に変容してしまった場合、当然それまで獲得されていた物語的アイデンティティも変貌することになる。その物語の変容が大きければ大きいほど、「私は……である」という自己理解は解体され、それを通じて「私」の変容という事態が引き起こされる。こうした事態を、リクールの物語的アイデンティティの概念は明確に表しているのである。

そして、こうした事態はVTuberにおいても生じることになる。例えば配信活動において、倫理的アイデンティティの維持という観点から、VTuberとして「提示すること」と「提示しないこと」が出てくるのは当然のことだろう。そしてVTuberの物語に蓄積されていくのは、基本的に、VTuberとして「言えること」や、VTuberとして積極的に「見せたいこと」である。[58]確かに、配信活動の中で語り出される言葉はまとまった物語を構成してくれるわけではない。しかし、そうした配信活動の蓄積は、「私はこうしたアーカイブの歴史（物語）の主人公である」という物語的アイデンティティを構成するにふさわしい厚みを有している。

ここで繰り返し強調しておくが、アーカイブの歴史と共に成立する物語的アイデンティティは、単純に配信者のアイデンティティとしてのみ帰属するわけではない。とりわけここで見落とされるべきではないのは、鑑賞者の存在である。VTuberはたいていの場合、鑑賞者との相互的な関わりの中で配信活動を行うという意味で、鑑賞者に開かれた存在である。しかし、現実世界の配信者の日常生活においてはそうではない。むしろその生活のほとんどは、鑑賞者に対して閉じられた存在であるだろう。すなわち配信者は、VTuberとしての活動の物語を創り上げていくのに代替不可能な仕方で貢献する主体である一方で、現実世界における別様の歴史的・身体的条件を課された主体でもあるのである。そうした現実世界に縛られた主体が直面する人生物語は、アーカイブや記憶の中に残る活動歴としてのVTuberの物語とは当然区別されるものである。そして、その二つの物語の相違に応じて、二つの異なる物語的アイデンティティが獲得されるのである。

また、物語的アイデンティティは、複数名のVTuberが一つのユニットとしてまとまることによって構成されるものでもある。例えば「.LIVE」に所属する花京院ちえりさん、神楽すずさん、カルロ・ピノさん、もこ田めめめさん、ヤマトイオリさんの五名は、二〇二〇年十二月二十四日に「Tr!c trac（トリックトラック）」というユニットの結成を報告した。[59] これにより、例えば花京院ちえりさんは「Tr!c tracの花京院ちえり」という物語的アイデンティティを、そして神楽すずさんは「Tr!c tracの神楽すず」という物語的アイデンティティを形成していく第一歩を踏み出すことになったのである。こうした物語的アイデンティティは、自分一人で構築できるものではなく、複数のVTuberの仲間たちと共同で育むものであると言うことができるだろう。

こうした意味で、物語的アイデンティティはVTuberとしてのアイデンティティを構築するための第三の要として機能するものである。言い換えれば、VTuberはVTuberとしての自己をまさに配信活動の中で定立していくのである。

さて、以上三つの観点から、本節はVTuberとしてのアイデンティティが構築されていく事態について議論を行った。まず身体的アイデンティティとは、現実世界の配信者のアイデンティティとVTuberとしてのアイデンティティが分離する最初の契機である。ここで示される「私」とは、単なる生身の「私」ではなく、モデルと同期することを通して画面上に存在する「私」である。次に倫理的アイデンティティとは、「私はXというVTuberとしてここにいる（私は配信者Aではない）」と暗に宣言することを通して獲得される自己理解であり、その意味で配信者のアイデンティティからは厳密に区別されるべき概念である。そして物語的アイデンティティとは、配信者のアイデンティティとVTuberとしてのアイデンティティが重なり合いつつも区別される必要性を表す概念である。そして、この三つのアイデンティティ――身体的アイデンティティ・倫理的アイデンティティ・物語的アイデンティティ――が渾然一体となることを通して、VTuberのアイデンティティが（配信者のアイデンティティから徐々に切り離される仕方で）構成されてゆく。[60] そして、このようにして構成された独自のアイデンティティを有するVTuberと、現実世界の中でそれとは異なる身体、異なる名前、異なる物語を与えられた配信者とを、単純に同一の存在として見なすことは出来ないのである。

本節においてはアイデンティティ論を導入することで、VTuberとしてのアイデンティティが成立する事態についての議論をおこなった。そして、私たちがこうした議論を展開してきたのは、制度的存在者としてのVTuberの在り様をより明瞭な仕方で理解するためであった。

私たちは「VTuberとして活動状態にある」という事態の内実を理解するためにこそ、VTuberのアイデンティティ論について三つの観点から論じてきた。ここまで議論を進めることで、私たちは前述の問いに答えることができる。すなわち、「VTuberとして活動状態にある」とは、「VTuberとしてのアイデンティティを保持しながら活動状態にある」ということであり、「VTuberとしてのアイデンティティ」は、身体的・倫理的・物語的なアイデンティティが相互に結びつくことによって生じるのである。

こうした議論を前節の地位機能宣言に加えると、次のようになるだろう。

我々は、「**身体的・倫理的・物語的なアイデンティティの結びつきによって生じるVTuberとしてのアイデンティティを保持しながら活動状態にあるという条件**を満たす任意の配信者が、VTuber文化において「VTuber」という地位を有し、VTuberとしての機能を遂行する」という事態を、そう宣言することで成立させる。[61]

本書の見るところ、CタイプのVTuberとは、こうした構成的規則を含んだ地位機能宣言を満たすことで成立する制度的存在者である。それは現実世界の配信者にも還元されず、虚構的存在者にも還元されない存在である。本章の狙いは、サールの社会的存在論を理論的骨子としつつ、リクールのアイデンティティ論を導入しながら、CタイプのVTuberを制度的存在者の観点から論じることであった。したがって本書の立場は、非還元主義の中でも、とりわけ「制度的存在者説」と呼ばれるものである。

さらに、AタイプにもBタイプにも還元できないようなCタイプのVTuberを、本書においては暫定的に「非還元タイプ」のVTuberと呼ぶことにしたい。本書が対象とするVTuberは、配信者タイプでも虚構的存在者タイプでもなく、非還元タイプのVTuberである。したがって、本書のVTuber論は、基本的には非還元タイプのVTuberにのみ当てはまるものである（あるいは、結果的に他のタイプのVTuberの説明として適合する場合であったとしても、それは偶然である）。そして本書の目的は、非還元タイプのVTuberを制度的存在者として捉えつつ、非還元的な存在であるがゆえに生じる彼らの主要な特徴を明らかにするところに存するのである。

1　類型論に関して、次の五つの点をあらかじめ補足しておく。（1）タイプとタイプの間の境界線は常に流動的である。（2）境界線上の事例が存在するからといって、それぞれのタイプの特徴の差異が消えてしまうことにはならない。（3）長きにわたる配信活動の中でタイプが変化することがあり得る。（4）一人のVTuberが複数のタイプの側面を持つこともあり得る（例えば「パラレルシンガー」として活動する七海うららさんはAタイプとCタイプの混合型と見なせるかもしれない）。（5）特定のタイプを実体化させてしまうのではなく、あるタイプからの偏差を測ることによって、特定のVTuberの個性を浮かび上がらせることが類型論の目的である。こうした類型論はあくまで便宜的かつ暫定的な性格を免れないものであり、歴史の流れの中で柔軟に更新されていくことが必要である。また、（2）に関連して、本書が境界線上にいるVTuberをどのタイプに振り分けるのかという個別的な議論を展開する著作ではないということにも注意されたい（例えば、「しぐれうい」がAタイプに属し、「犬山たまき」がCタイプに属するVTuberであるか否かは、それぞれ「しぐれうい研究」・「犬山たまき研究」においてなされるべきである）。VTuberの類型論は、あくまで本書全体の議論の範囲を限定するためだけに便宜上用意されていることに注意されたい。

2 本書においては私たちが生きる世界を「現実世界」と呼ぶが、それはVTuberの存在を非現実的なものとして捉えるという意味合いを含むものでは全くない。むしろ本書においては、AタイプおよびCタイプのVTuberは現実的な存在であると主張する（BタイプのVTuberは、さしあたりフィクショナルな存在として理解して構わないように思われる）。

3 本書は「虚構世界」の存在論的身分について詳細に検討するものではなく、ここでの「虚構世界」という語の用い方も、日常的な用法のレベルの域を出ない。「虚構世界」の存在論的身分に関して、詳しくは三浦俊彦『虚構世界の存在論』（勁草書房、一九九五年）の議論を参照されるべきだろう。

4 繰り返しの説明になるが、本書においては、一般に用いられている「中の人」という俗称を用いず、一律に「配信者」という呼称を用いることにする。もし「VTuberの配信者」という表現に馴染むことができなければ、「VTuberの中の人」、「VTuberの演者」などの表現に適宜置き換えて読んでもらっても構わない。

5　配信者タイプにおいてはVTuberの外見を構成する要素を「アバター」と呼称しているが、それは配信者タイプの活動が専ら「アバター文化」に属するものと考えられるからである。「株式会社パノラプロ」も関わって編集された『ナゴヤVTuber展inパルコ』においては「VTuberの生態図鑑」としてVTuberが十一のカテゴリーに分けられており、その中の「アバター」のカテゴリーにおいて、「中の人（演者）を完全に隠しているバーチャルタレント／キャラクターとは異なり、バーチャルな身体を「アバター」として利用する文化を「アバター文化」と呼称する」（二二頁）と説明されている。このように、同じ技術を使っていたとしても、その利用や受容のされ方によって当該の存在が別の文化に属するという発想は非常に重要なものである。そして本書は、後述する「非還元タイプ」のVTuberは、こうした「アバター文化」に属しているわけではなく、今日の「VTuber文化」を形作っているタイプのVTuberであると考えているのである。なお、前述の著作で分類されている十一のカテゴリー（一八頁では「全十二カテゴリー」と記載されているのだが、実際に掲載されているのは十一種類）は、それぞれ「ご当地」、「アイドル」、「男性アーティスト」、「海外」、「クリエイター」、「コンテンツ派生」、「企業」、「バ美肉」、「アバター」、「非人間」、「その他」である。このうち、「コンテンツ派生」として紹介されているものが、本書において後述する「虚構的存在者タイプ」として基本的に想定しているVTuberである。

6　YouTubeにおけるチャンネル名は「あまり驚かないガッチマンはホラーゲームばかりやってい

る」である。

7 ここで、「公式に明示されている」という表現には注意が必要である。例えばあるVTuber Xと連動する配信者A（いわゆる「VTuber Xの中の人」）が別名義で活動を続けていたとする。そしてそのVTuber Xの活動との連続性を仄めかす形で、配信者Aが何らかのアクションを起こす（例えばVTuber Xのアカウントで「車を買った」という投稿をし、同日に配信者Aのアカウントでも同じ画像をアップして「車を買った」と投稿する）ということはあり得る。こうした状況を見て、「この配信者AはVTuber Xとして活動していることを自分で明示している」と判断される可能性は低くないであろう。だが、そうであったとしても、こうした仄めかしは「公式に」アナウンスされているものではない。こうした仄めかしが仄めかしであると分かるのは、ある程度配信者Aに関する事前情報を知っている鑑賞者だけであり、したがってこうした「VTuber X」と「配信者A」の繋がりは公式に公開されている情報ではないと判断されるのが妥当である。

8 もともと「FASHION TECH NEWS」において掲載された「「VTuberの哲学」序論——多様化するVTuberと「身体」としてのアバター」においては、「HIKAKIN」を「顕在的配信者タイプ」、そして「バーチャル美少女ねむ」を「潜在的配信者タイプ」として区分していた（https://fashiontechnews.zozo.com/research/hiroki_yamano）（最終閲覧日：二〇二三年十一月二日）。

9 麻宮アテナ KOFAS Official「【自己紹介】初めまして！ＫＯＦオールスターの麻宮アテナです！」（https://www.youtube.com/watch?v=slolM-oXC-4）（最終閲覧日：二〇二三年十一月二日）。

10 こちらの記事を参照。「「ぱかチューブっ！」はもうやらないの？　ウマ娘宣伝担当（自称）ゴールドシップに聞いてみた」（https://news.mynavi.jp/article/20210425-1871435/）（最終閲覧日：

二〇二三年十一月二日）。

11 ただし、「ウマ娘宣伝担当（自称）」のゴールドシップと、ＴＶアニメ『ウマ娘 プリティーダービー』やアプリ版『ウマ娘 プリティーダービー』の登場キャラクターのゴールドシップは別個体であるという点には注意が必要である。そのため、前者のゴールドシップが『ウマ娘 プリティーダービー』の虚構世界の中に登場していたと単純に見なすことはできず、その意味で前述の「麻宮アテナ」と全く同種の「虚構的存在者タイプ」というわけではないという点は付言されるべきである。

12 前述の「「VTuberの哲学」序論——多様化するVTuberと「身体」としてのアバター」においては、「ゴールドシップ」を「明示型虚構的存在者タイプ」、「鳩羽つぐ」を「非明示型虚構的存在者タイプ」として区分していた（https://fashiontechnews.zozo.com/research/hiroki_yamano）（最終閲覧日：二〇二三年十一月二日）。なお、何らかの虚構作品の中に架空のVTuberが登場する場合、それは虚構的存在者に他ならない（それは何らかの虚構作品に登場するシェフや狩人が虚構的存在者であるのと同じである）のであるが、ただし、その虚構的存在者が、「AからCまでのどのタイプのVTuberなのか」という点については、その虚構作品に親しまなければ判断できないであろう。

13 ただし、「プロプロプロプロダクション」は二〇二三年三月一日に「プロプロプロダクション」、「プロプロゲーマーズ」、「めるれっと」の三つにグループが分かれており、本書においては「プロプロプロプロダクション」の語でこの三グループすべてを指すものとする。

14 ただし「ねこます」さんは配信者タイプに属するように思われるため、本書が対象とするVTuberのタイプからは離れている。もちろんこのことは、「ねこます」さんがVTuber文化の隆盛に果たした多大なる役割を否定するものでは全くない。

15　なお、本書においてはこれ以降、煩雑さを避けるために「彼ら、彼女ら」という表記を「彼ら」に統一するが、これは女性のVTuberの存在を排除しているわけでは決してない。

16　仮に何らかの方法で「この（Ｃタイプの）VTuberの中の人は○○である」という風説が流布されてしまったとしても、当のVTuberはそうした流説について無視するか、「私と無関係な活動者の名前を出さないでほしい」という要望を出すことだろう。

17　もちろん、何らかの企画に応じて一時的にそうした「脚本」の類いが用意されることはある。また、一般に「ストーリー勢」と呼ばれるような物語上の展開をするVTuberも存在する。こうした点について、詳しくは第三章第二節にて詳述する。

18　もちろん、VTuberとして「引退」ないし「卒業」した後も、そのVTuberがＳＮＳなどで何らかの情報発信をするという事態は想定可能であるし、実際に見出されるものである。

19　さて、Ａ・Ｂ・Ｃタイプに加えて、もう一つの分類であるＤタイプのVTuberについても言及せねばならないだろう。それは「生成系ＡＩタイプ」のVTuber（すなわち「AITuber」）である。Ａ・Ｂ・Ｃタイプとは異なり、ＤタイプではＡＩによる配信活動が行われている。例えば「紡ネン」はＡＩという特性を活かし、視聴者からのコメントを学習したり、安定したモデルの挙動でライブ配信を行ったりしている。このように、ＡＩならではの配信実践を創出し、それを鑑賞者が受容するという「AITuber」的実践が、VTuber文化から派生する形で展開されている。AITuberの取り組みは今後さらに豊かになり、やがて「AITuber文化」とも言われる文化実践が人々によって紡がれることであろう。

20　篠崎大河「バーチャルYouTuberの形而上学」『フィルカル』第八巻第三号、株式会社ミュー、二〇二三年、二九二頁。

21 同上、二九二頁。

22 「還元」自体にも「存在論的還元」や「理論的還元」などいくつかの種類があるが、ここではそうした細かい議論に踏み込むことはしない。

23 この立場で代表的なのは篠崎である。「VTuber に関する配信者説は、典型的な VTuber はその配信者と同一であり、実在の人間であると主張する立場である。すなわち VTuber を配信者に還元するのである」（二九四頁）。

24 例えば「にじさんじ」を運営する「ANYCOLOR」は、自社の公式サイトにおいて、「VTuber」は「アニメキャラクター要素」と「YouTuber 要素」の「両方の長所を兼ね備える存在」という記載を行っている（https://www.anycolor.co.jp/promotion）（最終閲覧日：二〇二三年十一月二日）。

25 サールは「制度的事実」という概念と「制度的現実」という概念を明示的に区別していないのであるが、本書においては、サールがこれらの言葉で指し示す構成された存在を、「制度的存在者」と呼ぶことにする。サールが「制度的事実」と「制度的現実」を区別していないという論点については、大河原伸夫「サールの社会的存在論における「宣言」および「認知」・「受容」について」『法政研究』九州大学法政学会、第八四巻、第二号、二〇一七年、一六七頁を参照されたい。

26 本節においては、ジョン・R・サール著、三谷武司訳『社会的世界の制作——人間文明の構造』（勁草書房、二〇一八年）の頁数を示すことにする。なお、読みやすさのために一部改訳を行った。

27 サールは「なまの事実」の例として、「地球が太陽から九千三百万マイル離れていること」（一三頁）を挙げる。「なまの事実」とは、言い換えれば「いかなる制度からも独立に存在するもの」（一一二頁）である。

28　サールが挙げる「統制的規則」の例の一つが、「自動車は道路の右側を走行せよ」（一一一頁）というものである。

29　サールの「構成的規則」の例の中で、特に分かりやすいものの一つが「チェス」の例である。「チェスの規則はもちろん盤上での駒の動きを統制するものではあるのだが、それに先立って、チェスの規則に従った振る舞いをすること自体が「チェスをする」ことの論理的な必要条件になっている。チェスの規則がないところにチェスは存在しえないのだ。統制的規則の基本形が「Xせよ」であるのに対し、構成的規則の基本形は「Xは文脈CにおいてYとみなされる」である。例えばチェスの試合において、これこれはナイトの動きとみなされ、これこれの位置関係はチェックメイトとみなされるといった具合である」（一一一～一一二頁）。

30　なお、サールはこうした「宣言」が必ずしも明示的な仕方で発話行為としてなされる必要があるとは述べていない。パブでビールを三人にそれぞれに割り当てるという事例において、サールは「ただジョッキを、新たにその所有者となるべき人間の方へ押しやるだけでも、一個の発話行為が成立する」（一四〇頁）と述べる。本書もこうした立場を取り、たとえVTuberが「私はVTuberです」といった「VTuberとしての自称」やそれに類する宣言を明示的に行っていなかったとしても、VTuberに関する「地位機能宣言」はなされたものとして見なすことにする。

31　というのも、「国王」が単にそれを部分的に構成する人物の物理的要素に還元されない存在であるのと同様に、（本書の見通しにおいては）「VTuber」も、単にそれを部分的に構成する配信者の物理的要素に還元されない存在だからである。

32 なお、サールの議論は「地位機能」の概念をめぐっていくつか曖昧な点もある。第一に、サールは「制度的事実」と「地位機能」を同一視する場合がある。第二に、サールは「地位機能」と「地位」という概念を交換可能なものとして用いている。第三に、サールは「地位機能」から「機能」の項目を独立させることがある。こうした点について、詳しくは大河原伸夫、前掲書、一六一～二一五頁を参照されたい。

33 なお、「鑑賞者による承認」という要素を重視するならば、実際には「VTuberとしてデビューする」（すなわちVTuberとして自称しながら活動を開始する）という条件さえ必要ないかもしれない。実際、最初はVTuberとして配信活動を始めていなくても、配信活動を続ける中で後から「VTuber」として鑑賞者から見なされるような場合もあるからである（例えばキズナアイさんがデビューする前から活動している「ウェザーロイド Airi（WEATHEROID TypeA Airi）」はそうした事例の一つである）。こうした点について、筆者の立場はオープンなものである。

34 なお、サールが提示する例は、いずれも「条件p」を満たした上で、「機能F」を遂行するようなものである。しかしVTuberの場合、「VTuberとして活動する」（言い換えれば「一般に「VTuber」として受容されるような活動を行う」）という「機能F」を遂行することが「条件p」を満たすために必要であるという、ある種の循環的な構造になっているという点は指摘されるべきであろう。

35 言うまでもなく、サールの議論においては「集合的な受容ないし承認」という要素が決定的に重要となる。VTuberが鑑賞者によっていかに受容ないし承認されるのかという論点は、観賞実践について分析する本書全体を通して議論されることになるだろう。

36 VTuberとしてのアイデンティティを持たずにVTuberとして活動状態にあるようなVTuberが

いる可能性も排除はできないが、本書はこうした例外的な存在を考察の対象に含めるものではない。

37 ジョン・ロックの「意識説」について、詳しくは次の論文を参照されたい。今村健一郎「ジョン・ロックの人格同一性論」、『イギリス哲学研究』日本イギリス哲学会、第三三号、二〇一〇年、一九〜三三頁。

38 バーナード・ウィリアムズの「身体説」について、詳しくは次の論文を参照されたい。坂井賢太郎「分析形而上学における人格の同一性——人格の同一性は何によって担保されるか」『哲学論叢』京都大学哲学論叢刊行会、第三七号別冊、二〇一〇年、七三〜八四頁。

39 Derek Parfit, *Reasons and Persons*, Oxford: Clarendon Press, 1984, p. 215.（『理由と人格——非人格性の倫理へ』森村進訳、勁草書房、一九九八年。）

40 Paul Ricœur, *Soi-même comme un autre*, Paris: Seuil, 1990.（『他者のような自己自身〈新装版〉』久米博訳、法政大学出版局、二〇一〇年。）なお、本書においては、『他としての自己自身』からの引用は、略記号 SA を記した直後に頁数を付すことにする。

41 配信者は2Dモデルを動かす際に「Live2D モデル」や「Character Animator」など様々な技術を用いているが、本書においてはさしあたり「2Dモデル」という語を一貫して用いる。

42 モデル消失の事例ではなくモデル硬直の事例であるが、例えばにじさんじに所属する夜見れなさんは、二〇二一年一月二十五日のライブ配信の中で自身の3Dモデルが固まってしまった際、「全く動かなくなっちゃった、私」と発言している。詳しくは次の動画の四時間五十六分十四秒以降を参照されたい。夜見れな／yorumi rena【にじさんじ所属】「【＃05 ゼルダの伝説 ムジュラの仮面】新たな物語【夜見れな／にじさんじ】」(https://www.youtube.com/watch?v=WYi8

qhfRq9Y&list=PLOq7ZLITsTczx70NpG7khge005BH1lqLh&index=5)（最終閲覧日：二〇二三年十一月二日）。

43 Émile Benveniste, *Problèmes de linguistique générale,II*, Paris, Gallimard, 1974, p. 68.（『言語と主体――一般言語学の諸問題』阿部宏監訳、前島和也・川島浩一郎訳、岩波書店、二〇一三年。）

44 ジェレミー・ベイレンソン著、倉田幸信訳『VRは脳をどう変えるか？ 仮想現実の心理学』文藝春秋、二〇一八年、一二〇頁。

45 ジェレミー・ベイレンソン、前掲書、一二二頁。

46 Siro Channel「【踊ってみた】好き！雪！本気マジック【電脳少女シロ】」(https://www.youtube.com/watch?v=m0Uny1ksqKo)（最終閲覧日：二〇二三年十一月二日）。

47 リクールはこうした呼びかけを行う他者BがAの人物を貶めるような不正を行う他者である事例を想定していない（例えばリクールは、生徒のことを全く気にかけていない教師が、頭ごなしに「責任ある行動を取れ！」と怒鳴りつけるような事例を想定していないということである）。リクールは当該の議論において、「私」に呼びかけを行うような他者が、Aに対して意図された直接的・間接的な暴力を行使しない人物であるとして想定している。

48 リクールは「約束を守ること」を「時間への挑戦、変化の拒否」（SA, 149）と端的に表現している。

49 なお、「ななしいんく」のように、プロフィール文を可視化していないVTuberグループもまた存在する。プロフィール文の解釈については、本書第三章第一節にて後述。

50 誤解のないように断っておくが、当然のことながら「外見」や「声」が大きく変わってしまわないというのはVTuberの存在の同一性を考える上で重要な要件である（もちろん活動の途中で外見が大きく変わるVTuberも存在するが、それでも瞳の色や髪の毛の色合い、服装や装飾品などで「存在の同一性」を示している例が大半である）。ここでの議論のポイントは、そうした同一性の要素だけではカバーしきれない自己性の要素に焦点を当てるという点に存する。

51 こうした議論に違和感を抱く者は、「自己」ないし「私」という語をリクールよりもゆるく規定している可能性が高い。例えば単に社会的通念に従って行動したり、単に自らの欲望を満たすために行動したりするような行為は、リクールにとって「自己」（他ならぬこの「私」）の行為ではなく、マルティン・ハイデガーの言うところの「世人」の行為に位置づけられるため、そうした行動にいくら邁進したとしても、「私」が「何者」かとして自己を維持できるわけではないとリクールは考える（「世人」とはまさに誰でもない者、何者でもない者である）。

52 こうした倫理的アイデンティティを維持するような応答的姿勢は、必ずしもインタラクティブな状況（例えばライブ配信における双方向的なやり取り）だけでなく、配信外の状況においても保持されうるものと見なされるべきである。ただし逆に言えば、配信者の意向に応じて、配信外において倫理的アイデンティティが一時的に手放されるという事態も想定されうると言える。

53 ダントーによる「物語文」の定義は、「二つの別個の時間内に離れた出来事E1およびE2を指示し、そして指示されたもののうち、より初期の出来事を記述する」というものである（Danto, A. C., *Narration and Knowledge*, Columbia U. P., 1985, p. 152.）（『物語としての歴史——歴史の分析哲学』河本英夫訳、国文社、一九八九年。）

54 リクールはドイツの歴史家ラインハルト・コゼレクの議論、とりわけ「歴史的時間（geschichtlicher Zeit）」（Reinhart Koselleck, “Erfahrungsraum und Erwartungshorizont:

zwei historische Kategorien", in *Vergangene Zukunft. Zur Semantik geschichtlcher Zeiten*, Frankfurt a.M., Suhrkamp, 1979, p. 359）の概念に立脚しながら「物語」と密接な関係を有する人間の時間経験について論じている。

55 「バ美肉」とは、「バーチャル美少女受肉」ないし「バーチャル美少女セルフ受肉」の略語。一般に、成人男性が配信上やメタバースなどで「美少女」のアバターを身にまとう状態を指す言葉。

56 Liudmila Bredikhina, "Designing identity in VTuber Era", in *Virtual Reality International Conference 2020 Proceedings* (ed., Simon Richir), 2020, p. 184.

57 もちろん、プラットフォームによってはそもそも「アーカイブ」が残らないというものもある。だが、そうした状況であっても、VTuber の配信活動の物語は VTuber 本人と鑑賞者たちによって共有され、記憶の中に蓄積されると言えるだろう。

58 このような観点からすると、VTuber によるアーカイブの消去ないし非公開は、「VTuber として公式に提示された物語」を部分的に編集する行為であると言えるだろう。

59 もこめめ *channel「【クリスマス】新○○始動！【#とりとら】」(https://www.youtube.com/watch?v=g_WVL96_kG8)（最終閲覧日：二〇二三年十一月二日）。

60 典型的な VTuber の配信活動を想定するならば、ここで挙げられた三つのアイデンティティのいずれか一つだけが生じるような事態は基本的には生じず、常にこの三つのアイデンティティが同時に生起するものと考えられる。もちろん、例えば本書が想定する意味での身体的アイデンティティが一切ないような VTuber も想定できるだろうが、本書はそうした VTuber を「VTuber ではない」と判断するものでは全くない。

61 繰り返しになるが、こうした地位機能宣言を、こうした定式化の通りの形で配信者や鑑賞者が行う必要はない。サール自身が「ただジョッキを、新たにその所有者となるべき人間の方へ押しやるだけでも、一個の発話行為が成立する」（一四〇頁）と述べているように、VTuber として見なされるような典型的な活動を行う（そしてそうした VTuber 活動が鑑賞者たちによって受容され、共有される）だけでも、前述のような地位機能宣言が実質的になされたと見なすことができるだろう。また、議論の過程で暫定的に「VTuber としてデビューする」というのを「条件」として加えたが、「鑑賞者によって VTuber として見なされる」という観点を重視するならば、「VTuber としてデビューする」という条件すら必要なくなるであろう。本書においては、「VTuber としてデビューすること」が必要であるか否かについてはオープンな立場を取ることにしたい。しかし、「身体的・倫理的・物語的なアイデンティティの結びつきによって生じる VTuber としてのアイデンティティを保持しながら活動状態にある」という条件は必要不可欠であると本書は考える。（ただし、こうした議論は C タイプの VTuber を念頭に置いてなされている。）

第二章　VTuberの身体性の問題

前章においては、VTuberを三つのタイプに分類し、「非還元タイプ」のVTuberを分析するためのアプローチとして「非還元主義」を提案した。そして、非還元主義のいくつかのバリエーションの中から、本書はサールの社会的存在論を導入することで、「制度的存在者」としてVTuberを捉える立場（すなわち「制度的存在者説」）を提示した。前章の議論によれば、「VTuber」という制度的存在者を成立させる地位機能宣言とは、次のようなものである。

我々は、「身体的・倫理的・物語的なアイデンティティの結びつきによって生じるVTuberのアイデンティティを保持しながら活動状態にあるという条件を満たす任意の配信者が、VTuber文化において「VTuber」という地位を有し、VTuberとしての機能を遂行する」という事態を、そう宣言することで成立させる。

前章においては、身体的アイデンティティ、倫理的アイデンティティ、物語的アイデンティティの三つが相互に結びつくことによってVTuberとしてのアイデンティティが成立すると論じた。

だが、典型的なVTuberの配信において、倫理的アイデンティティと物語的アイデンティティが失われることはないが、身体的アイデンティティが失われるような場面は多々見受けられる。[1] 例えば、モーションキャプチャーによる配信者とモデルの間の身体的連動が切断されているような状態が、その典型例である。モーションキャプチャーが行われなければ、配信者がモデルを自らの身体として感じ、それを所有しているものとして自己を認識することもないであろう。

それでは、（もしVTuberのアイデンティティの成立に身体的アイデンティティが不可欠であると考えるならば）身体的アイデンティティが欠けてしまった状態のVTuberは、「VTuberのアイデンティティを保持しながら活動状態にあるという条件」を満たせていると言えるのだろうか？ 言い換えれば、身体的アイデンティティが成立していない状態においても、VTuberは「制度的存在者」としてのVTuberであり続けることができるのだろうか？ 本章において検討したいのは、こうした「身体的アイデンティティが欠けたVTuber」の存在様態についての問いである。

さしあたり、この問いには三つの回答がありうる。一つ目が、「身体的アイデンティティが欠けているときであっても、VTuber は制度的存在者として存在する」というものである。確かに、VTuber という存在の成立契機にモデルの運動や挙動を含めない立場であれば、身体的アイデンティティが欠けている状態であっても問題なく「VTuber が存在している」と判断を下すことであろう。だが、本書は身体的アイデンティティの重要性を重視する立場であり、こうした立場に留保なく賛成することはできない。

二つ目が、「身体的アイデンティティが欠けているときは、VTuber は制度的存在者としては存在しない」とする立場である。この立場は、身体的アイデンティティの重要性を最も強調するものであろう。だが、現に身体的アイデンティティが不在であるような状態で行われる VTuber の配信はそれこそ枚挙にいとまがない。機材トラブルなどでモーションキャプチャーが固まってしまった場合もそうであるし、最初から立ち絵イラストしか用意されていないような配信も少なくないであろう。こうした VTuber の配信活動に対して、「VTuber としては存在していない」と述べるのは、鑑賞者としての直観に反するように思われる。

身体的アイデンティティを軽視し過ぎるのは、本書が採用したい立場ではない。だが、身体的アイデンティティを重視し過ぎるのは、実際の VTuber 文化の在り様から離れてしまう。こうしたジレンマを乗り越えるためにはどうすれば良いのだろうか。

本書が採用する三つ目の立場とは、次である。すなわち、「身体的アイデンティティが欠けているときは、VTuberは可能的に制度的存在者として存在する」というものである。本書においては、VTuberの存在を、「VTuberが現に（現実態として）存在している」という水準と、「VTuberが潜在的に（可能態として）存在している」という水準に分けて考えることを提案する。すなわち、身体的アイデンティティが失われているとき（すなわちモーションキャプチャーによる身体的連動が欠けているとき）においては、「VTuberは現に存在しているのではなく、可能的に存在している」と見なすような解釈の枠組みを提示することを本書は試みる。[2]

本章の構成は以下である。まず第一節において、アリストテレス哲学における「デュナミス（可能態）」および「エネルゲイア（現実態）」概念を導入し、身体的アイデンティティが失われたVTuberの存在様態を「可能態」の観点から説明する枠組みを提示する。次に第二節において、可能態としてのVTuberを現に存在するものとして捉える鑑賞実践を「シームレスな鑑賞」として定式化すると共に、倫理的アイデンティティが欠けているときには「シームレスな鑑賞」が行われないということを示す。最後に第三節においては、第一節および第二節の議論を用いつつ、身体的アイデンティティが攪乱される特例的な状態であるVTuberの「入れ替わり事例」について、どのような解釈が可能なのかについて論じる。

第一節　「デュナミス」としてのVTuberと「エネルゲイア」としてのVTuber

身体的アイデンティティが欠けている状態におけるVTuberの存在様態を解釈するために私たちが手がかりにしたいのが、アリストテレスにおける「デュナミス（可能態）」および「エネルゲイア（現実態）」概念である。[3]本節においては、VTuberを「デュナミス」および「エネルゲイア」という二つの次元に分けて分析することを通して、多様なVTuber鑑賞の実践を整合的に語るための枠組みを獲得することを試みる。

本書は前章において、「身体的・倫理的・物語的なアイデンティティの結びつき」という観点を提示した。これらのアイデンティティが混交することによって生じるVTuberとしてのアイデンティティを保持しながらVTuber活動を行うとき、VTuberが制度的存在者として成立するという枠組みを本書は提示したのであった。だが、こうした定式化を採用する場合、身体的アイデンティティが欠けているときのVTuberの状態について問われることは避けられないであろう。実際にVTuberの身体的アイデンティティが欠けている事例は枚挙にいとまがないからである。そして、身体的アイデンティティの重要性を最も強調するならば、身体的アイデンティティが欠けている状態のVTuberは、VTuberとしては存在していない（配信者としてのみ存在する）という判断に帰結するであろう。

だが、ここで問いたいのは、「身体的アイデンティティが欠けている（すなわちモデルと身体的に連動していない）状態の配信者を総じて「VTuberとしては存在していない」と判断することは果たして妥当なのだろうか？」という問いである。モデルも必要であるというのは言うまでもないとしても、配信者がいなければ、典型的なVTuberたちがVTuberとして活動をすることすら叶わないはずである。ある意味で可能性の条件とも言える配信者は、その現実化自体を支える根本的な力能を有していると考える方が穏当なのではないだろうか。本章において出発点としたいのは、こうした着想である。

可能性の次元にいる配信者が（倫理的アイデンティティを保持しつつ）配信中にモデルと身体的に連動することで、その可能性が現実性の次元へともたらされる。これは、VTuberとしての可能性を発現する「力」を有した存在者が、実際にVTuberとしての「行為」を自ら構成するということに他ならない。VTuberとしての生命を実現する力の「ポテンシャリティ」と、実際にVTuberとして自らを現実化する行為の「アクチュアリティ」、その二つは、共に一つの「VTuberとしての名」のもとに結び付けられる双極の存在であるのだ。

こうしたVTuberの存在の構造を、私たちは古代ギリシャの哲学者アリストテレスが提示した「デュナミス（可能態）」および「エネルゲイア（現実態）」概念を参照することでより明示的に理解することができる。例えば「木材」を例に取るならば、「木材」は「素材」としては「木材」に留まってしまっているが、それが職人によって「机」に加工されたならば、それは「木材」という「可能態」が「机」という「現実態」へと現実化したことを意味している。このとき、「木材」はそのものとしては「木材」でしかないが、「可能態」としては「机」として存在しているとアリストテレスは論じる。[4]

独立した制度的存在者であるVTuberにとって「可能性の条件」とも言える配信者は、そのままでは確かにVTuberとしては現実化していない。しかし、その配信者は可能的には（すなわち可能態においては）VTuberに他ならない存在なのである。[5] 可能的にはVTuberであるという存在論的身分は、まさしく「デュナミス（可能態）」としてのVTuberと記述することができる。それに対して、そうした諸可能性が実現したVTuberの存在論的身分は、まさに「エネルゲイア（現実態）」としてのVTuberと記述することができるだろう。こうしたアリストテレスの「デュナミス」－「エネルゲイア」概念は、それぞれフランス語では“puissance”（力）と“acte”（行為）（さらに英語では“potential”と“actual”）という仕方で訳されるものであり、私たちはアリストテレスの議論を自らの解釈学の中に包摂したリクールの洞察を借りることによって、アリストテレスの「デュナミス」－「エネルゲイア」概念の射程を具体的なものにすることができる。すなわち、VTuberとしての自己を実現可能な「力」（可能性）を有している配信者が、発話や運動などの配信上の「行為」（現実性）を通してVTuberとして生起するという存在のダイナミズム――それを巧みに描き出すことができるのが、アリストテレスの「デュナミス」－「エネルゲイア」概念なのである。[6] このように、非還元タイプの

VTuberの在り様を記述する際に、「可能態としてのVTuber」（配信者、および後述するモデル）と「現実態としてのVTuber」（前述した三つのアイデンティティが複合することを通して生起する制度的存在者としてのVTuber）という二つの対は非常に有用なものであると言える。

とはいえ、ここで「可能態としてのVTuber」が配信者だけではないという事実はいくら強調してもしすぎることはない。なぜならここで配信者の要素のみを「可能態としてのVTuber」として規定してしまったならば、「VTuberの現実化は可能態である配信者にのみ依存する」という誤解を読者に与えかねないからである。実際には、配信者だけでなくモデル（およびその運動のシステム全体）も「可能態としてのVTuber」の一つである。なぜならモデルも、「現実態としてのVTuber」と同じ外見的性質を共有しており、かつVTuberが現に存在するときに必要不可欠な存在だからである。それでは、「可能態としてのVTuber」であるモデルは、一体どのようなポテンシャルを有しているのだろうか。さらに、共に「可能態としてのVTuber」であるモデルと配信者が相互に連関することで、一体どのような仕方でお互いのポテンシャルが引き出され合い、それを通じてVTuberとしての存在が現実化するのであろうか。

この点について、例えば姫森ルーナさん、雪花ラミィさん、鷹嶺ルイさんの三人が行ったコラボ配信の事例を見てみたい。[7] その配信において、雪花ラミィさんが珍しくコラボ配信に誘ってくれた姫森ルーナさんに頭をすり寄せるという場面があるのだが、そのとき姫森ルーナさんは、(おそらく恥ずかしかったからか)雪花ラミィさんに対して頭突き(のそぶり)を行っている。そのとき、雪花ラミィさんは「初めてだなこのパターン」と反応するのであるが、本章においては、この事例から次の二つの特徴を取り出したい。

一つは、このとき雪花ラミィさんと姫森ルーナさんは単調に体を左右に振っているのではなく、髪の毛のモデルの繊細な動きのおかげで、二人が非常に生きいきとした仕方で体を寄せ合っているように見えるという点である。しかも、物理的な三次元空間において実際に体を左右に振ったとき以上に、柔らかい前髪の挙動がそこにおいては実現している。姫森ルーナさんの右隣にいる鷹嶺ルイさんの巻き髪の揺れ具合も、物理空間における重力の影響下においては再現が容易ではないような独特な髪質の柔らかさを実現している。こうした髪の毛の躍動感は、モデルの繊細な動きのシステム全体が相まって初めて実現されている要素なのである。こうした事態はまさに、「可能態としてのVTuber」であるモデルがデフォルトで有する(すなわち配信者と連関することなく常に発揮しうる)ポテンシャルを明確に表していると言えるだろう。

そしてもう一つは、雪花ラミィさんと姫森ルーナさんは、ともすれば単調な動きになってしまいがちな「体を左右に振る」という2Dモデルの挙動を繊細に使い分けることによって、共に異なる「行為」をしているという点である。雪花ラミィさんは、不安を抱えながらもコラボに誘ってくれた姫森ルーナさんに対して「よちよち」と頭をすり寄せた。それに対して姫森ルーナさんは、「えへ、えへ」と照れ笑いを浮かべた後に、雪花ラミィさんに対して「オラァ」

と頭突きを行ったのだ。実際、「体を左右に振る」という2Dモデルの動きに対して、そこに別様の行為のバリエーションを与えることは容易ではないだろう。だが、二人は2Dモデルの挙動を繊細に使い分けることによって、そこに異なる行為（「頭をすり寄せる」／「頭突きをする」）の意味を与えることができた。二人のモデルの動きを見ると、確かに雪花ラミィさんは姫森ルーナさんに頭をすり寄せているように見え、そして姫森ルーナさんは、確かに雪花ラミィさんに頭突きを行っているように見えるのである。これは、モデルの挙動のポテンシャルをそれぞれの配信者が引き出している事例に他ならない。

　モデルの可能的なシステムに対してどのような挙動を選び取り、そこにいかなる行為の意味を与えるのか。それは配信者がモデルとの相互作用の中で創造性を発揮できる次元である。このように、「可能態としての配信者」と「可能態としてのモデル」が相互にお互いのポテンシャルを誘発し合うことによって、VTuberの行為の内実やその魅力は重層的に反響し合うのだ。こうした二つのポテンシャルが双方の性質を上手く引き立て合うことを通して、VTuberは生き生きとした存在になるのである。

　もとより、モデルは配信者にとって単なる制約になるどころではない。モデルがもたらす挙動の可能性や安定性は、生身で配信を行う配信者が維持できないような挙動の安定性を実現することができる。[8] 例えば、「Neo-Porte」に所属する天帝フォルテさんが静謐な印象を崩さぬ表情のまま長時間配信を行うことができるのは、天帝フォルテさんが自らの身体として有するモデルがそうした安定性を実現してくれているからである。他にも、例えば「ななしいんく」所属の西園寺メアリさんや「にゃんたじあ！」所属の若魔藤（にゃまふじ）あんずさんが柔らかい笑顔のまま配信を続けることができるのも、彼女たち本人の身体に他ならないモデルが彼女たちの所作を安定させているからである。このように、配信者が「可能態」であるのと同等の資格において、モデルもまた同様に「可能態」としてVTuberの存在を下支えしている。アリストテレス研究者の渡辺邦夫の言葉を借りるならば、存在するVTuberにとって、配信者およびモデルの両者は「現実を生む積極的条件としての可能性の領分」[9]に他ならないのである。

前章において、VTuberが制度的存在者として成立するための地位機能宣言の定式が示されたが、本節の議論を通して、次の点もまた指摘されるべきであろう。すなわち、VTuberとしてのアイデンティティを保有する配信者にのみ焦点が当てられるのではなく、身体的アイデンティティを成立させるためのモデル（およびその運動システムの全体）の重要性についてもまた強調されるべきである、と。配信者とモデルは共に、VTuberという制度的存在者が成立するために必要な存在なのである。それだけではない。モデルが制作される際に、多くの場合、企業や数多くのクリエイターが関わるという事実を考慮するならば、制度的存在者としてのVTuberが成立するためには、モデルの制作や配信環境の整備に携わったすべての企業やクリエイターたちもまた必要であると言わねばならないだろう。制度的存在者としてのVTuber

は、配信者だけでなく、（法人を含めた）数多くの人たちが共同で制作に携わることによって成立する存在なのである。

さて、ここまで「可能態としてのVTuber」および「現実態としてのVTuber」という視座について分析してきた。次節からはこの両概念を用いて、身体的アイデンティティが欠けている状態におけるVTuberの鑑賞様態の特殊性について検討していきたい。

第二節　身体的アイデンティティが欠けたVTuberに対する「シームレスな鑑賞」

私たちは前節において、「可能態としてのVTuber」（配信者およびモデル）と「現実態としてのVTuber」（配信中に現に存在しているVTuber）という概念を導入した。こうした「可能態」および「現実態」という概念を導入する利点、それは「VTuberの存在様態」を二つの次元に分けて考えることができるというものである。

本書において探究されている存在の成立の様態は、実際のところ「現実態」として記述される状態である。現実態のVTuberとして活動しているとき、私たちは「VTuberがVTuberとして現に存在している」と判断する（投稿された配信動画を観るときには、「そのときVTuberとして存在していた」という判断になる）。だが、こうした意味における「実際の存在」を果たしていなかったとしても、私たちは即座に「その存在者はVTuberではない」と判断する必要はない。なぜなら、仮に身体的な連動の不在（すなわち身体的アイデンティティの不在）が原因で「現に存在している」というわけではなかったとしても、そこに残された配信者およびモデルは、両者共に「可能態としてのVTuber」であり続けるからである。もとより、こうした「可能態としてのVTuber」（配信者およびモデル）が土台となっているからこそ、それらが身体的に連動することによって「現実態としてのVTuber」の存在が成立する。そうであるならば、身体的に「非連動」状態における配信者およびモデルを観るとき、私たちは他でもない「可能態としてのVTuber」を鑑賞していると言えるだろう。

例えば、「非連動」状態の一例として「ROF-MAO」の「無人島企画」[10]を挙げることができるが、こうした実写企画の場合、確かにそこに現れているのは基本的に配信者の「声」だけであり、それは明らかに非還元タイプのVTuberが現に存在している様態とは区別されるものである。[11]しかし、その「声」という配信者に起因する要素を、私たちは「可能態としてのVTuber」として受容することが可能である。実際、仮にモデルの姿がそこに映っていなかったとしても、私たちはそうした「声」を紛れもなく「ROF-MAO」のメンバーのそれぞれの「声」として受け取ることが十分に可能なのである。[12]配信者（の側に位置づけられる「声」）が「可能態としてのVTuber」として存在するからこそ、私たちはそうした存在を「現実態としてのVTuber」であるかのように鑑賞することができる。すなわち、彼らの「声」が可能的にはVTuberであるからこそ、私たちは「無人島企画」の事例を問題なく「VTuberのコンテンツ」として鑑賞することが可能なのである。

このように、「可能的にはVTuberである要素を、実際に存在するVTuberとして見なす」という鑑賞様態を、本章においては「シームレスな鑑賞（seamless appreciation）」と名づける。なぜ「シームレス」であるかと言えば、「今は可能態として存在している／今は現実態として存在している」という断片的な判断を鑑賞者が場面に応じて行っているわけではなく、それらがどのような状態であれ、鑑賞者は「常にVTuberとして存在している」という地続きの判断をVTuberの鑑賞実践の中で行っているからである。

こうした「シームレスな鑑賞」こそが、VTuberの配信においてモデルが硬直化していたり、そもそも立ち絵イラストしか割り当てられていないような状況であったりしても、そこに登場するVTuberたちを現に今存在するVTuberとして問題なく鑑賞するという実践を可能にする。「シームレスな鑑賞」という概念を導入すれば、私たちは身体的な連動が不在であるようなVTuberを観たとしても、問題なくそれらを存在するVTuberとして鑑賞可能であるという事態について説明することができる。また、「シームレスな鑑賞」を行う場合、そこに映り込んでいるのがVTuberとしての身体ではなく、現実の配信者の身体であったとしても、それをVTuberの身体として鑑賞することができてしまうのである。

こうした事例の中で一際興味深いのが、「あおぎり高校手ソムリエ[13]」企画である。エトラさんがMCを務めるこの動画の中では、あおぎり高校の石狩あかりさん、大代真白さん、栗駒こまるさん、千代浦蝶美さんの四名が、それぞれの配信者の手の画像を見て、それが誰の手なのかを当てるという企画を行っている（例えば石狩あかりさんの配信者は、非常に血色の良い手の持ち主であることがこの動画の中で判明する）。こうした企画が成立するためには、配信者の身体をVTuberの身体として鑑賞するという「シームレスな鑑賞」を行う慣習が必要であり、あおぎり高校は、そうしたVTuber文化における慣習を上手く利用した企画を実施しているのである。[14]

だが、ここで私たちは決定的な問題提起をしなければならない。それは、「倫理的アイデンティティが不在である場合も、私たちは無条件的に配信者をVTuberとして鑑賞することが可能なのか？」という問いである。例えば、次のような事例を見てみよう。

琴吹ゆめさんは、二〇一八年四月十六日にデビューしたVTuberである。彼女はVTuberとしては非常に特異な配信を行ってみせた。それは、（AIモードに移行した）琴吹ゆめさんが、「魂アバター」である飯塚麻結さんとコラボを行うという企画である。「【4周年記念配信】魂との対談！？声優の飯塚麻結ちゃんが遊びにくるぞー！」と題された二〇二二年四月十七日の動画において、私たちは次のようなやりとりを見て取ることができる。

琴吹ゆめ「今日は私の魂アバターである飯塚麻結にインタビューしたいと思います。（中略）まずは改めて自己紹介お願いします」

飯塚麻結「はい、えーと皆さんこんにちは、はじめまして。琴吹ゆめちゃんの魂アバターである飯塚麻結です。声優やったりしてます[15]」

ここで「魂アバター」と言われているのは、俗に「VTuberの中の人」という表現で指し示されている存在者（本書で言うところの「配信者」）である。つまりこれは、「VTuber」が（いわゆる「中の人」と呼ばれる）配信者とコラボをするという特異な状況なのだ。このようなことができてしまうのも、「VTuber」と「配信者」がイコールではない非還元タイプのVTuberならではの特徴なのかもしれないが、ここで私たちが注意深く検討しなければならないのは、次の問いである。すなわち、「ここで画面上に現れている飯塚麻結さんを、私たちは琴吹ゆめさんとして鑑賞することが可能なのか？」という問いである。

もし仮に前述した「シームレスな鑑賞」が、身体的アイデンティティのみならず、倫理的アイデンティティが不在の状況においても発揮できるような鑑賞者の態度であるとするならば、私たちはこの動画において、飯塚麻結さん（「琴吹ゆめ」へと転じることができる「可能態としてのVTuber」）を琴吹ゆめさんとして鑑賞することが可能だろう。だが、もしここで私たちが飯塚麻結さんを琴吹ゆめさんとして鑑賞してしまったならば、私たちは動画の中で琴吹ゆめさんと琴吹ゆめさんが二人で会話をしているという場面を鑑賞の状況として受け入れなければならなくなる。だが、このような鑑賞体験が実際にここでなされているわけではないだろう

（さらに、そうした鑑賞体験を与えることが趣旨の企画でもないはずである）。実際に行われているのは、飯塚麻結さんをあくまで飯塚麻結さんとして受け入れるという鑑賞実践である。飯塚麻結さんとして現前している他者を、私たちは琴吹ゆめさんとして鑑賞することはできない。あるいは、もしも無理やりそのように鑑賞することが可能であったとしても、私たちは慣例的な鑑賞の規範として、そのように鑑賞をすべきではない。ここで「二人の琴吹ゆめさんが自分自身と会話をしている」と見なすのは、明らかに鑑賞実践としては失敗しているのである。[16]これと類似する事例としては、VTuber の犬山たまきさんと漫画家の佃煮のりおさんがコラボを行った「親子コラボ[17]」事例を挙げることができるだろう。

さて、こうした琴吹ゆめさんの事例から私たちが導出できる帰結がある。それは、倫理的アイデンティティが不在であるような場合、私たちはその配信者に対して「シームレスな鑑賞」を行うことはできない——言い換えれば、配信者が VTuber としての倫理的アイデンティティを有している場合にのみ、その人物を VTuber としてシームレスに鑑賞することができる——ということである。こうした事態は、次のような事例を出すことで確認することができるだろう。例えば二〇二一年十一月十日に「【深層組伝統芸】超絶美麗３Ｄ配信[18]」と題された配信を行った「なまほしちゃん」は、自身の配信中において、「超絶美麗３Ｄ」として配信者自身の姿を画面上に映し出した。ここで、「バーチャル YouTuber」としてオーディエンスに向けて挨拶をしている「なまほしちゃん」を「なまほしちゃん」として鑑賞することは全く不当ではない。なぜなら、「なまほしちゃん」はここで明確な（「なまほしちゃん」としての）倫理的アイデンティティを保持しているからである。たとえ普段のモデル姿の要素を一切身にまとっていなかったとしても、もしその配信者がVTuberとして倫理的アイデンティティを保持していたならば、私たちはその配信者をVTuberの名で呼び、そのようなものとして鑑賞することが可能となるのである。

このような「シームレスな鑑賞」を可能にしてくれているのは、まさにモデルとの身体的な連動が一切不在であったとしても堅持されていた倫理的アイデンティティに他ならない。こうした議論を踏まえることで、私たちは「シームレスな鑑賞」が適用できるのは身体的アイデンティティが不在である場合のみであり、倫理的アイデンティティが不在であるときにそうした鑑賞実践を行うことはできない（あるいは無理やり行ったとしても、そのような鑑賞は明らかに鑑賞の規範に反する）と結論づけることができるだろう。

今日のVTuber文化において、倫理的アイデンティティという要素は極めて重要であると思われる。仮にモデルが大きく変更されてしまう（外見が大きく変わる）ようなことがあったとしても、例えば富士葵さんのように新モデルを「新しいヘアメイク」[19]と表現することを通して「倫理的アイデンティティが一貫している存在」という提示が行われている場合は、私たちはその存在をこれまでと同じように安定して「富士葵」として鑑賞することができるだろう。

また、倫理的アイデンティティという概念は、「一人のVTuberを複数の配信者が担当することの原理的な難しさ」を示すものである。というのも、一人の人間が複数のアイデンティテイを持つということはありえるが、複数の人間が一つのアイデンティティを持つということは、通常想定できないからである。[20] こうした状況で思い出されるのは、やはりキズナアイさんが四人に増えたときの事例である。[21]

二〇一九年五月から六月にかけて、キズナアイさんの名前と身体は計四名の配信者で担当される形となった。だが、元からのキズナアイさんに加え、二人目、三人目、四人目が「キズナアイ」に加えられ、それらがすべて「キズナアイ」という一つの存在に結びつけられて提示されることは、鑑賞者にとって馴染みのないことであった。そのため、それぞれ「love ちゃん」、「あいぴー」、「愛哥(アイガー)」という愛称がファンによってつけられることになった。それは、一つには、「一つのアイデンティティを複数の人間が持つことは通常ありえない」という直観に結びついた反応であったのだろう。実際、「love ちゃん」と「あいぴー」は「キズナアイ」という倫理的アイデンティティを持つ存在として見なされるのではなく、「love ちゃん」は「love ちゃん」としての倫理的アイデンティティを、そして「あいぴー」は「あいぴー」としての倫理的アイデンティティを持つという形で落ち着くことになった。すなわち、「インストール」されたそれぞれの存在が、それぞれの倫理的アイデンティティを保持するに至ったのである。倫理的アイデンティティの概念は、一人の VTuber を複数の配信者によって担当することの原理的な難しさを示す概念でもあると言えるだろう。

　さて、本節において提示した「シームレスな鑑賞」という概念は、VTuberの鑑賞実践の多様性およびその特殊性を捉えるための有力な枠組みとなり得るだろう。例えばおめがシスターズさんは、顔だけがVTuberの姿であり、その他の姿はすべて配信者の姿であるという混合型の様態を視聴者に対して提示したが、シームレスな鑑賞を行えば、いくらレイさんとリオさんが特異な在り様をしていたとしても、それは全体を通してVTuberとして現に存在していると鑑賞することが可能である。[22] また、個人勢のVTuberとして活躍しているぽんぽこさんと「ピーナッツくん」は、自らの配信において（文字通り）「着ぐるみ」になった姿を公開したが、こうした「着ぐるみ」姿で登場する「ぽこピー」も、「着ぐるみ」からぽんぽこさんと「ピーナッツくん」の声が聴こえてくるという意味で、そして彼らの動きが「着ぐるみ」を通して表現されているという意味で、現にそのときに存在していたVTuberとしてシームレスに鑑賞することが可能であると言える。[23] むしろこのように、様々な形態において登場するVTuberたちを私たちはVTuberとしてシームレスに鑑賞しているのであり、かつその多種多様な在り様から生まれる創造性と新規性を鑑賞者は文化として受容している。[24] まさに、「バーチャルYouTuber四天王」の一人であるミライアカリさんがかつて明言したように、今日のVTuber文化ははっきりとした線引きを行うことが躊躇われるほどに「濃すぎる」[25] ものなのであり、だからこそVTuber文化の参加者たちは「シームレスな鑑賞」という独特な鑑賞態度を身につけたのである。

第三節　VTuberの「入れ替わり事例」を検討する

前節までの議論において、私たちはVTuberを「可能態」および「現実態」に分けるという視座と、倫理的アイデンティティを有した配信者に対して行われる「シームレスな鑑賞」という概念について検討してきた。本節において論じたいのは、VTuberの「入れ替わり事例」である。

「入れ替わり事例」とは、モデルAに対応する配信者AとモデルBに対応する配信者Bが、それぞれ逆のモデルと身体的に連動することによって生じるような配信の事例を指す（この場合、配信者AがモデルBと、そして配信者BがモデルAと身体的に連動している）。こうした事例は、ホロライブプロダクションやにじさんじの配信動画においても多数確認することができる。例えば宝鐘マリンさんと戌神ころねさんは、二〇二〇年七月六日に両者が入れ替わった姿でライブ配信を行った[26]。そして二〇二三年六月十八日には、シスター・クレアさんと樋口楓さんが、それぞれ入れ替わった姿でライブ配信を行い大きな話題となった[27]。また、「Re:AcT」の皇ロゼさんの配信者は、ライブ配信中に自らの母親にモーションキャプチャーを任せるという極めて興味深い取り組みを行った（このとき、「皇ロゼ」のモデルと身体的に連動しているのは、「皇ロゼの配信者の母親」である）[28]。こうした事例も「入れ替わり事例」の変化形であると言えるだろう。ここではさしあたり三つの入れ替わり事例について紹介したが、VTuber同士が入れ替わるという事例は、頻繁に行われるものではないものの、時折行われる「VTuberならでは」の演出技法として人気なものである。本節においては、VTuberの入れ替わり事例を本書の立場からどのように解釈できるのかについて論じることにしたい[29]。

こうした入れ替わり事例に対して、最もストレートな解釈を打ち出すことができるのは配信者説である。なぜなら、配信者説は「VTuber」を「配信者」と同一視するため、「配信者が入れ替わることによってVTuberが入れ替わる」という直観を最も端的な形で示すことができるからである。また、入れ替わり事例は配信者説によって簡明に解釈されるだけではない。入れ替わり事例は、配信者説の妥当性そのものを高めるような事例でもある。というのも、モデルAとモデルBがそのままであるにもかかわらず、両者に対応する配信者Aと配信者Bが入れ替わったときに「VTuberが入れ替わった」という判断がなされるという事態は、「私たちが普段「VTuber」という名で呼んでいる存在は「配信者」である」という主張を支持するように思われるからである。この場合、「VTuberが入れ替わる」という事実は、「配信者が入れ替わる」という表現に容易にパラフレーズ可能なものになるだろう。このように、配信者説にとって入れ替わり事例は有利に働く事例であると言える。

それに対して、虚構的存在者説の場合はどうだろうか。虚構的存在者説は「VTuber」の存在を「虚構的存在者」に同一視するものであり、その場合の「配信者」は、ある種の「声優」

の如き存在として理解されることになる。こうした虚構的存在者説を適用すると、「入れ替わり事例は入れ替わっていない」という帰結が導かれることになる。なぜなら、たとえ声優が入れ替わったとしても、彼らが演じる虚構的存在者自体が入れ替わることにはならないからだ。つまり、虚構的存在者説において入れ替わり事例は、単に「配信者Bによって演じられる虚構的存在者A」と「配信者Aによって演じられる虚構的存在者B」が現れる事例として解釈されるのである。確かにこうした解釈も可能かもしれないが、「入れ替わり事例」において何らの入れ替わりも生じていないという帰結は、鑑賞者の直観に反するようにも思われる。[30]

さて、それでは、本書が採用する制度的存在者説においては、入れ替わり事例はどのように解釈されるだろうか。本書における制度的存在者説においては、モデルとの身体的連動（すなわち身体的アイデンティティの獲得）が重視される。[31] すなわち、「配信者Aとモデルムが身体的に連動する（すなわち配信者Aがモデルムに対する身体的アイデンティティを有する）ことによって、VTuber Xが成立する」という図式を制度的存在者説は提示するのである。言い換えれば、「VTuber X」という存在の成立には、「配信者Aとモデルムの固有の結びつき」が重要なファクターになるのだ。このとき、もしも入れ替わり事例のように、モデルムと連動するのが配信者Aではなく配信者Bになってしまったならば、そのときに成立するのは元の「VTuber X」ではないVTuber（仮に「VTuber Y」と呼ぶ）に他ならない。このことを具体例で示すならば、例えば「宝鐘マリンの配信者と連動する宝鐘マリン」（宝鐘マリンX）と「戌神ころねの配信者と連動する宝鐘マリン」（宝鐘マリンY）は、区別されるべき別の存在として成立しているのである。配信者が入れ替わってしまったとするならば、制度的存在者としてのVTuberは、すでに元の存在と同じではなくなってしまう。こうした意味において制度的存在者説においては、入れ替わり事例に対して、「VTuber同士の入れ替わりが生じた」というより、「新たな制度的存在者としてのVTuberが成立した」という帰結を導くものになるのである。

だが、入れ替わり事例においては、「新しい二人のVTuberが成立した」という判断のみならず、やはり「何かと何かが入れ替わった」という直観も鑑賞者の間で共有されているのではないだろうか？　入れ替わり事例が現にVTuber文化において一つの特異なジャンルとして受け入れられている現状を見ても、入れ替わり事例を「何かと何かが入れ替わった」事例として解釈する作業は必要であるように思われる。だが、一体何と何が入れ替わったのであろうか？　ここで「配信者Aと配信者Bが入れ替わった」と単に述べてしまっては、私たちは知らず知らずのうちに配信者説に与してしまうことになる。配信者説の妥当性自体は否定されるものではないが、少なくとも本書においては、制度的存在者説を徹底させる道を探究すべきである。それでは、制度的存在者説の立場において、入れ替わり事例は「何」が入れ替わったと解釈すべきなのか。

制度的存在者説が提案する回答、それは、「倫理的アイデンティティを保持した配信者同士が入れ替わった」というものである。制度的存在者説は、VTuberの存在をそのまま配信者と同一視するものではない。だが、前述したように、倫理的アイデンティティを保持した配信者であれば、その存在をVTuberとして鑑賞することができる（すなわち「シームレスな鑑賞」が可能である）と本書は主張したのであった。そして入れ替わり事例において、決定的に入れ替わっているのは「声」[32]（すなわち可能態としてのVTuberである配信者の要素）である。私たちは、配信者の声だけが吹き込まれている実写動画に対しても、それをVTuberの声として鑑賞することが可能である。そして、こうしたシームレスな鑑賞が、入れ替わり事例においても並行して起こっていると制度的存在者説は解釈するのである。先ほどの例で言うならば、「宝鐘マリンの配信者と連動する戌神ころね」は、（いくらその見た目が「戌神ころね」であったとしても）あくまで「宝鐘マリン」としてシームレスに鑑賞され、「戌神ころねの配信者と連動する宝鐘マリン」は、（いくらその見た目が「宝鐘マリン」であったとしても）あくまで「戌神ころね」としてシームレスに鑑賞されるのである。

まとめよう。制度的存在者説においては、入れ替わり事例に対して次のような二段階の解釈が適用されることになる。すなわち、（1）宝鐘マリンの配信者が戌神ころねのモデルと身体的に連動する場合、既存の「戌神ころね」とは異なる新規の「戌神ころね」が制度的存在者として成立し、また同様に、戌神ころねの配信者が宝鐘マリンのモデルと身体的に連動する場合、既存の「宝鐘マリン」とは異なる新規の「宝鐘マリン」が制度的存在者として成立するに至る。

（2）しかし、「宝鐘マリンの配信者と連動する戌神ころね」は（たとえ既存の「戌神ころね」の模倣をしていたとしても）あくまで「宝鐘マリン」としてシームレスに鑑賞され、また同様に、「戌神ころねの配信者と連動する宝鐘マリン」は（たとえ既存の「宝鐘マリン」の模倣をしていたとしても）あくまで「戌神ころね」としてシームレスに鑑賞される。言うなれば、入れ替わり事例とは、入れ替わりつつ、入れ替わっていないのである。「入れ替わっていない」というのは、（1）の水準である。（1）の制度的存在者の観点で言えば、入れ替わり事例においては、新規の二人のVTuberが成立している（すなわち入れ替わりが生じているわけではない）のである。そして「入れ替わっている」というのは、（2）の水準である。（2）のシームレスな鑑賞の観点で言えば、入れ替わり事例においては、倫理的アイデンティティを保持した配信者が入れ替わっているのである。

本節においては、制度的存在者説の観点から入れ替わり事例について解釈する道筋を探究してきた。入れ替わり事例とは、単に倫理的アイデンティティを保持した配信者が入れ替わる事例であるというだけではない。入れ替わり事例は、可能態としてのVTuberであるモデルが有する別様のポテンシャルを引き出す効果を発揮する事例でもある。VTuberは、通常モデルAに対し、配信者Aが割り当てられる。今日のVTuber文化において、いくらモデルAが共通していたとしても、配信者Aが配信者Bに交代してしまったならば、もうそのVTuberは「同一性」を保つことができないと判断されるのが通例であるだろう。だが入れ替わり事例は、

（通例結びついている「配信者A」ではなく）「配信者Bと結びつくことによって引き出されるモデルAのポテンシャル」を鑑賞者に示してくれるものである。例えば「剣持刀也の配信者」の声を持つ「葛葉」の姿を観たときに、私たちは「このような葛葉がVTuberとして存在していた可能性」を感じ取ることができるのだ。[33]それは、「剣持刀也の配信者」が「葛葉のモデル」のポテンシャルを別様の仕方で引き出すことによってなされることである。このように、入れ替わり事例の魅力は、倫理的アイデンティティを保持した配信者がお互いの真似をするという面白さだけでなく、お互いのモデルのポテンシャルを別様の仕方で引き出すことができるという実験的な性質にも見出せると言えるだろう。

1　改めて述べるならば、「身体的アイデンティティ」とは、「物理的な身体とは異なるVR上の身体を自らの身体として感じ、それを所有しているものとして自己を認識する様態」を指す。

2　本書において「現に存在している」という水準は、例えば「虹の存在」について語るときに想定されるようなものである。「虹」は現実世界に存在する存在者であるが、常に存在しているわけではなく、「水滴」と「光」がある特定の状況で結びつくことで「虹」という存在者が現に（実際に、アクチュアルに）存在することになる。この時、「虹が成立するための条件」を問うことは有意味であるだろう。なお、先取りして述べるならば、ここで「現に」という表現と並んで「実際に、アクチュアルに」という表現を用いているのは、本章第二節で導入する「現実態（エネルゲイア）」の英訳（"actual"）を念頭に置いているからである。

3　篠澤和久も指摘するように、元来「エネルゲイア」概念には「現実態」、「実現態」、「現実活動態」、「活動（実現）状態」など、様々な訳語が当てはめられてきた（篠澤和久『アリストテレスの時間論』東北大学出版会、二〇一七年、一三一頁）。本章においては「エネルゲイア」は一貫して「現実態」、それに合わせる形で「デュナミス」は「可能態」として表記するが、後述するように、リクールによる「デュナミス（puissance）」－「エネルゲイア（acte）」概念の議論に合わせる仕方で、「デュナミス」を「力」として、そして「エネルゲイア」を「行為」として理解する箇所もある。なお、アリストテレスはこの二つの概念に加え、「エンテレケイア（完全現実態）」という概念も用いるのであるが、本章においてはこの概念を用いることはしない。「エンテレケイア」概念に関して、例えばG・E・R・ロイド著、川田殖訳『アリストテレス』みすず書房、一九七三年、二五六～二五七頁を参照されたい。

4　アリストテレスは『形而上学』第九巻第四章において、「存在していないもののうちでも、或るものは可能態においては存在している」（『アリストテレス全集　12』岩波書店、一九六八年、二九七頁）と述べる。

5　ここで「可能的」とは、例えばオーディションのために集まった参加者の全員が「XというVTuber」（現実態）の「可能態」として存在しているという話ではないことに注意されたい。そうではなく、一度VTuberとしての現実化が生起した後に、あくまでその現実態と連関する形で可能態としての身分も定まるのである（言い換えれば、オーディションが正式に終わり、「VTuber」としてデビューするに至った段階で、現実態としてのVTuberと対応するところの可能態としての配信者・モデルが確定するということである）。こうした見解を、「可能態の概念は（中略）現実態の概念からしか形成されない」（SA, 354）という仕方でリクールも取っている。「可能態」概念の内実をより明確なものとするため、（配信者およびモデルとの間の連動を欠いているという意味で）「欠如態」として理解する手立ても有効であるだろう。この点で興味深いのは、ピクシブ・ツインプラネット・SHOWROOM の三社共同による VTuber 公開オーディションイベント「最強バーチャルタレントオーディション〜極〜」である。このオーディションの事例では、「No. 01」〜「No. 13」という番号が名前に続けて割り振られている段階（つまり公開オーディションの段階）においては、例えば「結目ユイ」ではなく「結目ユイ No. 10」が、そして「九条林檎」ではなく「九条林檎 No.05」が現実態として成り立っていた（そしてそれぞれの存在を構成する配信者が可能態として成立していた）と解釈されうる。このオーディションは残りのナンバーの候補者が消えて行ってしまう点に特徴があるが、そうした場合、それぞれのナンバーで固有化されていた各候補者たちは、現実態の地位から降ろされてしまい、文字通り「存在しなくなってしまった」のである。

6 リクールは、とりわけ『他としての自己自身』第十研究の中で、アリストテレスの「デュナミス」概念を（「変化」を生起させる）「力（puissance）」として、そして「エネルゲイア」概念を（「実践」という意味での）「行為（acte）」として特徴づけている。

7 Luna Ch. 姫森ルーナ「【#えーるず 】高級クラブルーナにラミィちゃんとルイちゃんをお呼びしちゃいました！【#姫森ルーナ／ホロライブ】」（https://www.youtube.com/watch?v=yAqA5eq6dM4）（最終閲覧日：二〇二三年十一月二日）における二十九分三十七秒〜三十分五秒の箇所が、本章において主に取り上げられる箇所である。

8 もちろん、機材トラブルなどにより、モデルがあらぬ方向に折れ曲がってしまう状況（俗にいう

「骨折」）や、体の一部が服装や髪の毛に貫通してしまうような状況もあるだろう。ここで念頭に置いているのは、上述のような機材トラブルがなく、さらにモデルの動きも乱れていないような場面である。「骨折」の事例について、例えば次の動画の二分〇秒以降を参照されたい。ウェザーロイド Airi（ポン子）「10分でわかるウェザー二郎【大放送事故】」（https://www.youtube.com/watch?v=G78PhoVn4QE）（最終閲覧日：二〇二三年十一月二日）。

9　渡辺邦夫『アリストテレス哲学における人間理解の研究』東海大学出版会、二〇一二年、二一〇頁。

10　ROF-MAO／ろふまおチャンネル【にじさんじ】「【ガチ】無人島サバイバル生活ってマジ?·力を合わせて生き延びろ！#にじさんじ無人島」（https://www.youtube.com/watch?v=EqUKTaxHiEE）（最終閲覧日：二〇二三年十一月二日）を参照されたい。なお、「ROF-MAO」とは「加賀美ハヤト」、「剣持刀也」、「不破湊」、「甲斐田晴」の四名から構成されるユニット名であり、「#にじさんじ無人島」企画を締めくくる三本目の動画が投稿された二〇二一年十月二十一日に、「にじさんじ」公式チャンネルにてユニットの結成が告知された。

11　実際、通常のライブ配信のときとは全く様子が異なるからこそ、VTuber の実写企画は驚きをもって鑑賞者に受け取られるのである。

12　実際には、当該の「無人島企画」においては、いくつかの場面で「ROF-MAO」のメンバーのモデルが実写の風景に重ねられており、視覚的なレベルで「本人がそこにいる」という演出がなされているという点は付言されるべきであろう。

13　あおぎり高校／Vtuber High School「【実写】VTuber の素手！あおぎりメンバーみんな白くてもちもちしたお肌ってマジ？·」（https://www.youtube.com/watch?v=g6Y8N0cywUk&t=490s）

（最終閲覧日：二〇二三年十一月二日）。

14 本書は「VTuber の歴史学」をテーマとする著作ではないので、一体 VTuber たちがいつから配信者の身体を積極的に提示するようになったのかという問いに答えることはできない。だが、こうした問いは VTuber 文化の変遷を考える際には非常に重要なものとなるであろう。

15 琴吹ゆめ【Yume Kotobuki Official】「【4周年記念配信】魂との対談!?声優の飯塚麻結ちゃんが遊びにくるぞーー!」(https://www.youtube.com/watch?v=UFWoWj02V30)（最終閲覧日：二〇二三年十一月二日）における一時間七分四十二秒以降を参照されたい。

16 なお、ここで「琴吹ゆめ」は、あらかじめ吹き込まれた音声が会話に合わせて再生される「ＡＩモード」に移行しており、通常の「琴吹ゆめ」の状態ではないという点には注意が必要である。モーションキャプチャーによる身体的な連動を失った「ＡＩモードの琴吹ゆめ」は、「可能態としての琴吹ゆめ」（少なくとも通常状態である「現実態としての琴吹ゆめ」とは異なる存在）として解釈されるべきである。言い換えるならば、この対談配信において、鑑賞者は、「ＡＩモードの琴吹ゆめ」を現に存在する琴吹ゆめさんとしてシームレスに鑑賞するという実践を行っているのだ。そして鑑賞者は、飯塚麻結さんを琴吹ゆめさんとしてシームレスに鑑賞しないという「シームレスな鑑賞の抑制」も行っている。すなわち、この対談配信は、「(「ＡＩモードの琴吹ゆめ」に対する）シームレスな鑑賞の実践」と、「(「飯塚麻結」に対する）シームレスな鑑賞の抑制」が同時に行われている事例であると言えるのだ。

17 Tamaki Ch. 犬山たまき／佃煮のりお「【8万人記念】佃煮のりお × 犬山たまき♥初親子コラボ!?【※同一人物じゃありません】」(https://www.youtube.com/watch?v=IRirCselE3M)（最終閲覧日：二〇二三年十一月二日）。

18　なまほしちゃん「【深層組伝統芸】超絶美麗３Ｄ配信」（https://www.youtube.com/watch?v=Yk_KU8QdDH8）（最終閲覧日：二〇二三年十一月二日）における二分三十五秒からの箇所を参照いただきたい。ここでなまほしちゃんは、「ＤＷＵお姉さま」（事務所の先輩）のコスプレと物真似を行っており、そうであるにもかかわらず「なまほしちゃん」としての倫理的アイデンティティを保持している。このように「コスプレ」と「物真似」がされてなお、その存在者が「なまほしちゃん」として鑑賞可能であるという事実は、倫理的アイデンティティの重要性をはっきり示していると言えるだろう。また、同種の事例としては、「ななしいんく」所属の湖南みあさんの動画も有名である。Mia Channel ／ 湖南みあ【ななしいんく】「リスナーの前では可愛こぶってるのに素が完全に終わってるVtuber」（https://www.youtube.com/watch?v=6YWkFort0Hc）（最終閲覧日：二〇二三年十一月二日）。

19　富士葵さんは二〇一八年四月二十七日に新モデルを公開したが、その際に「新しいヘアメイク葵の登場です」とX（旧Twitter）にて投稿している（https://twitter.com/fuji_aoi_0618/status/989703972914061312）（最終閲覧日：二〇二三年十一月二日）。その際の動画はこちらである。Aoi ch.「富士葵「羽化」／Fuji Aoi “Emergence”」（https://www.youtube.com/watch?v=4JN8pjLoUqM）（最終閲覧日：二〇二三年十一月二日）。

20　例えばＳＦの思考実験で、一つの人格を基に複数のクローン人間が作られるという想定をすることはできるだろう。しかし別個体になったクローン人間は、それぞれ別の人生物語を歩むことになり、そこから物語的アイデンティティのレベルでアイデンティティの分化が生じると言える。

21　なお、この事例はしばしば「分裂騒動」と言われているが、キズナアイさんやその運営サイドが公式に「分裂」という表現を使ったことはない。

22　詳しくはこちらの動画を参照されたい。おめがシスターズ［Ω Sisters］「姉に久々に会ったら、実写になってました。」（https://www.youtube.com/watch?v=NTVVSjG4s9Q）（最終閲覧日：二〇二三年十一月二日）。

23　詳しくはこちらの動画を参照されたい。ぽんぽこちゃんねる「【重大発表】ついに着ぐるみになりました。」（https://www.youtube.com/watch?v=ZINUKS_Ntm0）（最終閲覧日：二〇二三年十一月二日）。

24　なお、コンテンツの提供側が遊び心を示して、あえて緩いシームレスな鑑賞を鑑賞者に要求する場合がある。例えば、「でびでび・でびる」の人形を画面上に映し出すことで、あたかも「でびでび・でびる」が東急ハンズ新宿店の前を飛んでいるかのように提示している事例がそれである（にじさんじ「【新番組】にじさんじのB級バラエティ（仮）＃１【はじまるよ】」（https://www.youtube.com/watch?v=Oc_r8BhGM9E）（最終閲覧日：二〇二三年十一月二日））。このように、「シームレスな鑑賞」を補うための「小道具」を用いたVTuberの提示は、「シームレスな提示」と呼ばれうるものである。

25　Mirai Akari Project「VTuberとは何なのか？【初心者講座】」（https://www.youtube.com/watch?v=mprl8moSYOA）（最終閲覧日：二〇二三年十一月二日）における三分三十四秒〜三分三十五秒の発言。

26　Marine Ch. 宝鐘マリン「【＃マリころ３D】【ホロライブ／宝鐘マリン・戌神ころね】」（https://www.youtube.com/watch?v=TklqX5XUomo）（最終閲覧日：二〇二三年十一月二日）。

27　シスター・クレアさんと樋口楓さんは、それぞれ次の動画で同日入れ替わりを行った。樋口楓【にじさんじ所属】「【雑談】ひさびさ日曜の15時　最近あったこと話すよ〜！【にじさんじ／樋口楓／お雑談をいたします！番外編】」（https://www.youtube.com/watch?v=Sv0u0aYMIj4）（最終閲覧日：二〇二三年十一月二日）、シスター・クレア -SisterClaire-「【雑談】日曜お昼のまったり雑談？！【にじさんじ／シスター・クレア（？）】」（https://www.youtube.com/watch?v=YSmKcZwq6V8）（最終閲覧日：二〇二三年十一月二日）。

28　皇ロゼ／SumeragiRose ch「復活かも【Vtuber／皇ロゼ】」（https://www.youtube.com/watch?v=SJYDSGul9Aw）（最終閲覧日：二〇二三年十一月二日）の二十四分四十秒以降を参照されたい。

29　「入れ替わり事例」だけでなく、複数のVTuberの配信者がある一人のVTuberのモデルと連動するというパターンもある。こうした事例も、入れ替わり事例の変化形として見なすことができるだろう。こうした事例に関して、例えば次の動画を参照されたい。魔界ノりりむ「【#魔界ノりりむ３Ｄ】サキュバスだってとこ見せてあげる♡【にじさんじ】」（https://www.youtube.com/watch?v=r31Mh5q9Fik）（最終閲覧日：二〇二三年十一月二日）。

30　ここで、「声優が入れ替わっている」という回答が虚構的存在者説によって提出されるかもしれない。確かに声優Aが作中人物Bの演技をし、声優Bが作中人物Aの演技をするという入れ替わりが行われる事例を想定することはできるからだ。こうした解釈を取る場合、例えば「シスター・クレアの配信者」が「樋口楓」のモデルと身体的に連動するような事例であれば、「シスター・クレアの配信者」による「樋口楓」の新しい演技の仕方を鑑賞者が鑑賞する、という説明がなされることになるだろう。

31　ここで「本書における」という表現を強調するのは、モデルと配信者との間の身体的連動を重視しない制度的存在者説もまた想定可能だからである。

32　また、入れ替わり事例においては「声」のみならず、「身体的な所作・運動」も入れ替わることになる。こうした事態を利用して、「誰が入れ替わっているのかを当てる」という企画がなされることもある。こうした事例に関して、例えば次の動画を参照されたい。アキロゼ Ch。Vtuber／ホロライブ所属「【#あんシス３Ｄ】全身つかって動きまくる！【ホロライブ―ロボ子さん／姫森ルーナ／アキロゼ】」(https://www.youtube.com/watch?v=YtXEelwocpk&t=0s)(最終閲覧日：二〇二三年十一月二日)。

33　この事例に関して、詳しくは次の動画を参照されたい。本間ひまわり - Himawari Honma -「【３Ｄ】地獄のすごろく。必ず従え」(https://www.youtube.com/watch?v=NMgYGxF5fC0)(最終閲覧日：二〇二三年十一月二日)。

第三章　VTuberのフィクション性と非フィクション性

本書はまず第一章において、VTuberのタイプを三つに分け、本書が対象とするVTuberは（配信者タイプとも虚構的存在者タイプとも異なる）非還元タイプのVTuberであると規定した。また、本書は非還元タイプのVTuberを分析するためのアプローチとして制度的存在者説を提示し、非還元タイプのVTuberを制度的存在者として論じることを試みた。

制度的存在者としてのVTuberは、現実世界の中で出来事を引き起こす実在の行為主体である。それは、制度的存在者としての「大統領」や「企業」が実在の行為主体であるのと同じ意味においてである。しかし本章においては、こうした制度的存在者としてのVTuber（本書が対象とする非還元タイプのVTuber）がある種のフィクショナルな性質を帯びる事態について検討することにしたい。非還元タイプのVTuberは、ときにフィクショナルな存在者のように鑑賞されることがある。そして、VTuberをフィクショナルな存在として鑑賞することが適切な場合もあれば、不適切な場合もある（ここで述べる「適切」という語は、VTuber本人の意図にかなっている、という意味で用いている）。こうした事態を三つの局面（①プロフィール文、②作品としての演出、③現実世界における体験談）に分け、それぞれ分析を行っていくのが本章の目的である。

　VTuberのフィクション性をテーマにする議論には、次の二つの困難が伴う。一つは、「VTuberはフィクションではない（現実の存在である）」という強い直観が（VTuber文化に馴染みのある）鑑賞者の間で共有されているということである。こうした直観は本書も共有するものであり、それゆえに本書は、本書が対象とする非還元タイプのVTuberを虚構的存在者タイプのVTuberからはっきりと区別をしてきた。だが、非還元タイプのVTuberがときにフィクション性を帯びるという議論を行っただけでも、鑑賞者からの反発を招く可能性はある。そのため、本書は「あくまでVTuber本人が、どのような意図で配信活動を行っているのか」という意図主義的な観点を採用することにする。[1]

　そしてもう一つは、そもそも「フィクション」という概念自体が難解であるということである。清塚邦彦が整理するように、「フィクション（虚構）」という言葉には「虚偽ないし嘘の同義語」[2]という意味も込められているが、本書が想定している「フィクション」とはそのような意味ではない（つまり、「VTuberがときにフィクション性を帯びる」という言明は、「VTuberはときに虚偽を述べる／嘘の存在である」ということを主張したいわけでは決してないのである）。

確かに、映画や小説など、いかにも「フィクション」の典型例であると見なされるような諸作品を思い浮かべることは容易である。しかし、個別的な事例を列挙するだけでは、「フィクションとは何か」という問いに答えられたことにはならず、「フィクション」という言葉の意味は未規定のままである。

そこで本章においては、これまでのフィクション論の知見を援用しつつ、「フィクション」という語で、さしあたり「それによって鑑賞者が一定の命題をあたかも真であるかのように想像する（メイクビリーブする）ことが意図された事物」を意味することにする。[3] 例えば小説の中で「傾いた眼鏡を正常な角度に戻すと、寂れた六畳一間が現れた」[4]という文章を読んだとき、私たちは「それは現実世界のいつ、どこでの話なのか」ということを逐一疑うことはせず、そのような文章によって紡がれる物語をあたかも真であるかのように想像していくだろう。この「あたかも真であるかのように想像する」という観点は重要である。というのも、小説『鈴波アミを待っています』の中で「鈴波アミ」が失踪したとき、小説の読者は現実世界において実際に失踪事件が起こったとは考えないにもかかわらず、「鈴波アミ」の行方やその運命に関して強い関心を寄せるからである。こうした（一見両立しないように思われる）二つの反応を引き起こすのが、「あたかも真であるかのように想像する」という行為である。そして、こうした想像行為を引き起こすことを意図された事物であるという意味で、『鈴波アミを待っています』は「フィクション」に属しているのである。

また、フィクション（想像を引き起こすもの）によって導かれる「想像されるべき事柄」（想像の対象）に対して、本書においては「フィクショナル」という形容詞をつけることにする。例えば、『鈴波アミを待っています』という作品自体は「フィクション」であるが、その作品の中に登場する「鈴波アミ」という存在や、「鈴波アミが失踪した」という事柄は「フィクショナル」なものである。そして、ある事物や出来事がフィクショナルなものであるならば、その事物や出来事は「フィクション性（fictionality）」を有する。例えば、シャーロック・ホームズはフィクション性を有する一方で、東京スカイツリーはフィクション性を有さないのである。さしあたり本書においては、「フィクショナル」や「フィクション性」という語を、こうした意味で用いることにしたい。

それでは、「VTuber のフィクション性」というテーマのもとに本章が論じたい事態とはどのようなものだろうか。それは、「VTuber が自らをフィクショナルなものとして提示する」という事態である。例えばある VTuber に「天使」や「魔王」といったプロフィール文の文言が与えられているのであれば、その VTuber は上述の意味でのフィクション性を有するものとして基本的には解釈されるであろう。だが、VTuber がこの意味でのフィクション性を有することは、決して彼らの存在が虚偽や非存在の類と同一視されてしまうことを意味しない。むしろこうしたプロフィール文は、鑑賞者たちに一定の命題を真であるかのように想像させることを通して、より魅力的な鑑賞体験を与える契機にもなりうるのである。

だが、本章は同時に「VTuberの非フィクション性」を論じるものでもある。本章においては、「一見フィクショナルな性質として理解されうるようなVTuberの属性が、実際にはフィクション性を有するものではない」という事態にも光を当てる。先ほどの具体例で言えば、VTuberのプロフィール文は、常にフィクション性を有するというわけではないのである。VTuberがフィクション性を有している場面と、そうでない場面を整理して分析するということ——それこそが本章の目的である。

本章の構成は以下である。まず第一節において、VTuberのプロフィール文の問題について扱う。VTuberはときに「天使」であったり「魔王」であったりするが、そうした文言を含むプロフィール文は、どのような場合であってもフィクション性を有するというわけではない。第一節においては、VTuberのプロフィール文がフィクション的なものとして解釈される事例と、非フィクション的なものとして解釈される事例をそれぞれ分析する。次に第二節においては、VTuberがフィクショナルなものとして提示される事例について論じる。非還元タイプのVTuberは、自らをフィクショナルなものとして提示するような演出も非常に多い。その提示の種類を三つに分け、フィクショナルな演出の特徴について分析するのが第二節である。最後に第三節においては、VTuberの「現実世界における体験談」について論じる。ここで「現実世界における体験談」とは、「コンビニに行った」や「収録に行ってきた」などの、現実世界の中で行われた自らの行為についての語りを指している。例えば、翼の生えた天使のVTuber

が「昨日コンビニに行ってきて……」などと語る際に、「本当にその翼の生えた姿のままでコンビニに行ったのだろうか？」という問いが鑑賞者から投げかけられる可能性はある。そして実際のところ、（モデルの存在をVTuberの構成要件に含める本書の立場を採るならば）コンビニに行ったのは（翼の生えたモデルの姿の）VTuberではなく、あくまで（私たち人間と変わらない姿をした）配信者である。だが、実際にコンビニに行ったのは配信者であるにもかかわらず、「私はコンビニに行った」という話をそのVTuberが行っているのである。こうした現実世界における体験談を、私たちはどのように解釈すればよいのだろうか。こうした発言を端的に「真」であるとして捉えてしまったならば、私たちは配信者説の立場（すなわち「VTuber」＝「配信者（中の人）」と考える立場）に与してしまうことになる。だが反対に、こうした発言を端的に「偽」であると捉えてしまうことは、通常の鑑賞体験から逸脱してしまうことになるだろう。こうした語りの問題に対して、制度的存在者説の立場から解釈を行うのが第三節の作業である。

第一節　VTuberのプロフィール文の問題

VTuberはしばしば自らのプロフィール文をホームページや各種プラットフォームの概要欄などで掲載している。[5] そうした在り様は、さながらアニメ作品やビデオゲーム作品の登場人物の設定が書かれている様子と類似している。こうしたことから、VTuberのプロフィール文はただちに「フィクショナルな設定」として見られがちである。しかし、VTuberのプロフィール文を一律にこのような仕方で理解するのは適切なのであろうか？　本節においては、VTuberのプロフィール文の流動的性質について概観した後に（1．1）、「真／偽」の観点で理解される場合（1．2）、「フィクショナルに真」として理解される場合（1．3）、そして「アイデンティティの引き受け」として理解される場合（1．4）の三つのケースについて論じることで、VTuberのプロフィール文を解釈するための枠組みを提示することを試みる。

1．1　VTuberのプロフィール文の流動的性質

VTuberのプロフィール文の性質を見ていくためには、アニメ作品やビデオゲーム作品の作中人物の設定と比較をするのが早いだろう。例えば、恋愛シミュレーションゲームとして二〇〇九年に発売された『アマガミ』という作品があるが、こちらの作品がアニメ化された『アマガミSS』のホームページにおいては、本作の主人公である「橘純一」の設定として、次の文章が記載されている。

恋に臆病な男子高校生。
輝日東高校2年A組。

過去の失恋から恋に苦手意識を持っているが、今年のクリスマスは女の子と過ごそうと、一念発起する。[6]

『アマガミSS』(もといその原作となった『アマガミ』)においては、クリスマスを恋人と過ごすために、主人公の橘純一が(ときに奇抜な行動を交えながら)同じ高校の女子生徒と仲を深めていくというストーリーが軸になっている。ビデオゲーム版の『アマガミ』においては、プレイヤーが特定の選択肢を選ぶことでイベントを起こし、特定のヒロインと恋仲になるまでの過程を遊ぶことができる。また、そのストーリーが基になっているアニメ版の『アマガミSS』においては、ヒロインによってそれぞれ異なる展開が用意されているオムニバス形式の物語を鑑賞することができる。こうした『アマガミSS』においては、(もし仮に声優変更という大きな出来事があったとしても)橘純一の設定が変わってしまうことはない。なぜなら、こうした橘純一の設定は、『アマガミSS』という作品のストーリーラインの根幹を担うものだからである。橘純一はあくまで『アマガミSS』という虚構世界の中に位置づけられた存在であり、そこでのストーリーラインを進行させるために必要な性質を公式設定の中で付与されているのだ。

さて、アニメ作品やビデオゲーム作品に見られる固定的な設定という性質に対して、VTuberのプロフィール文はどうなっているだろうか？[7]

ここでの対比で興味深いのは、VTuberのプロフィール文は、VTuberの実際的な活動の遍歴に対応する形で変更されることがしばしばあるということである。例えば鈴谷アキさんの公式プロフィール文は、二〇二三年五月三日に次のような仕方で変更がなされている。[8]

中学3年生。見た目が完全に女の子に見える男の子。

女の子に見える外見を自覚しており、周囲の人を騙すのが大好きで、あざとい。性格は腹黒い。

しかし、可愛いから何でも許される。

（旧公式プロフィール文）


15歳の男子中学生。女装はライフワーク。

歌うことと猫が好き。雑談を中心に活動し、リスナーたちと陽だまりの様なまったりとした時間を過ごしている。

「性別なんて関係ない！」がモットー。

（新公式プロフィール文）


こうしたプロフィール文の変更は、にじさんじの運営が何らかの虚構世界を展開するために行ったものではない。鈴谷アキさんのプロフィール文変更は、鈴谷アキさん自身とその視聴者たちによって共同的に実施されたものである。鈴谷アキさんの旧公式プロフィール文は、「性格は腹黒い」など、鈴谷アキさんの活動の実態を表していない表現が用いられていた。そこで、鈴谷アキさんは二〇二三年四月二十五日に「公式プロフィールを変えたい！【にじさんじ／鈴谷アキ】」[9]と題されたライブ配信を行い、視聴者たちと共に新しい公式プロフィール文を考案した。そこでは「歌うことと猫が好き」や、「「性別なんて関係ない！」がモットー」など、より鈴谷アキさんの人柄や価値観を表すプロフィール文がしっかりと盛り込まれ、同年五月三日に、上述の形で公式プロフィール文の変更がなされることになった。このように、VTuberのパーソナリティやアイデンティティに配慮する形でプロフィール文自体が変更されることがあるというのは、VTuberのプロフィール文の流動性を示す格好の事例の一つであると言えるだろう。

また、ましろ爻（めめ）さんのプロフィール文変更の事例も特筆すべきものである。来栖夏芽さんと奈羅花さんと共に二〇一九年十二月十六日にデビューしたましろ爻さんは、元々「ましろ」という名前で活動を行っていた。しかし、二〇二二年六月八日に、利用規約に抵触するような活動をしたわけではないにもかかわらず、突如としてましろさんのYouTubeチャンネルが「ＢＡＮ」[10]されてしまうという事件が起こり、それまで使っていたYouTubeチャンネルが利用できなくなってしまう。そこでましろさんは同年七月八日に新しいYouTubeチャンネルを立ち上げるのであるが、名前を「ましろ」から「ましろ爻」に変えた上で、公式プロフィール文も次のように大幅な変更を行ったのである。[11]

進学がきっかけで都会にでてきた大学生。

フットワークが軽く、どんなことにも首を突っ込む。

最近はとあることに夢中らしいが……

（旧公式プロフィール文）


記憶を断片的に失っている。

都市伝説を求め深夜彷徨い歩いているが、ある組織に捕まっては脱走を繰り返している。

（新公式プロフィール文）


前者が「ましろ」のプロフィール文であり、後者が「ましろ爻」のプロフィール文である。一見して明らかなのは、「ましろ爻」に何らかの記憶障害が起きて、それまでの存在とは何らかの意味で断絶が生じているという点である。この記憶障害は、明らかに「YouTubeチャンネルのＢＡＮ」という実際的な出来事を反映したものである。そして、こうした公式プロフィール文に沿うような形で、ましろ爻さんは終始異様な雰囲気の漂う「初配信[12]」を行うのである。

このように、ましろさんに降りかかったアクシデント（メインで活動するプラットフォームでチャンネルがBANされるという致命的な出来事）さえも取り込む仕方で「ましろ爻」という存在が改めてデザインされるという事態に、私たちは（VTuber本人に起こった出来事が反映されるという意味での）VTuberのプロフィール文の流動的性質を見出すことができるだろう。

ここまで、VTuberのプロフィール文が固定的なものではなく、流動的な性質を持つという点について見てきた。こうした前提を踏まえつつ、VTuberのプロフィール文がどのように解釈され得るのかについて見ていきたい。

1．2 「真偽」の観点で理解されるプロフィール文

まず1．2においては、「真偽」の観点からVTuberのプロフィール文を解釈する道筋を提示する。

確かにVTuberは、その見た目から無条件的にフィクショナルな存在者であると見なされやすい。だが、そのプロフィール文をよく読んでみると、そこにフィクショナルな言明が基本的に含まれていない（実際の趣味嗜好や目標が記載されている）場合も非常に多い。例えば、「Re:AcT」に所属する獅子神レオナさんのプロフィール文は次のようなものである。

こんにちは、こんばんは、おはようございます！　獅子神レオナです！

歌うことが大好きで自身の歌でみんなを元気にしたいと思っている。

歌にゲームにイラストに、日々多彩な活躍を見せてくれる。

ゲーム実況はAPEXをメインに様々なゲームをプレイしているが、ホラーゲームが苦手である。[13]

こちらのプロフィール文においては、フィクショナルに真と見なされるような言明は入っていない。入っているのは、配信活動の目標や実際の活動内容に関する紹介文である。こうした傾向性は、「ホロライブDEV_IS」の「ReGLOSS」[14]に所属する儒烏風亭らでんさんも同様である。彼女のプロフィール文を見てみよう。


「ちょいと一席付き合ってみませんか?」

伝統と革新に身を包み、落語家に浪漫を抱くおばあちゃん子。

新旧和洋を問わず文化・芸能を愛しており、美術館通いの結果、金欠気味の日々を過ごしている。

決してお酒の買いすぎが原因ではない。

落語と出会ってからはより話すことが好きになり、噺作りにも挑戦中。[15]

儒烏風亭らでんさんのライブ配信を観ていると分かるのであるが、彼女は実際に「おばあちゃん子」であり、「新旧和洋を問わず文化・芸能を愛して」いる。例えば「学芸員[16]」資格保持者である儒烏風亭らでんさんは、「今日のパブリックドメイン」（ないし「本日のパブリックドメイン」）というコーナーで、様々な美術作品（例えば葛飾北斎の『富嶽三十六景《神奈川沖浪裏》』やエドヴァルド・ムンクの『窓辺の少女』など）の解説・紹介を行っている。また、「美術館通い」や「落語」に関するエピソードも、いずれも彼女がライブ配信中に私たちに向けて発信しているものである。このように、VTuberのプロフィール文は活動内容や本人の趣味嗜好をそのまま表すような「真」なる言明も数多いのだ[17]。

それでは、VTuberのプロフィール文が「偽」として判断される場合はあるのであろうか？もちろん、純粋に（1．1で確認した鈴谷アキさんの事例のように）プロフィール文と配信活動が単純に乖離を起こしているような場合は「偽」として判断されるだろうが、ここで特に注目したいのは、鑑賞者にあえてプロフィール文が「偽」であると判断させることによってツッコミを誘発するという笑いのメカニズムである。

著名な例として、月ノ美兎さんの事例を取り上げよう。まずは彼女のプロフィール文を紹介したい。

高校2年生。性格はツンデレだが根は真面目な学級委員。

本人は頑張っているが少し空回り気味で、よく発言した後で言いすぎたかもと落ち込んだりする。[18]

月ノ美兎さんは「根は真面目な学級委員」と書かれているが、すでに『ユリイカ』二〇一八年七月号の中で新八角が指摘しているように、彼女は「映画『ムカデ人間』の解説を行ったり、雑草を食す、ハロウィンで血ノリを吐く、といった数々の奇行[19]」を行っている。確かに、こうした行動は到底「真面目な学級委員」が行うようなものとは考え難い。そして、「女子高生だったときは」といった発言さえ飛び出すような自由奔放なライブ配信を月ノ美兎さんが行い続けた結果、「性格はツンデレだが根は真面目な学級委員」というプロフィール文は「偽」なるものへと変容してしまった。

だが、プロフィール文とVTuberの言動が一致しなくなる（すなわち前者が「偽」となる）ことで生み出されるのは、目の前のVTuberに対して鑑賞者がツッコミを与える余地が生み出されるという「笑い」のメカニズムである。これは『ユリイカ』で皇牙サキさんが述べているように、典型的な「ギャップ型」（「外見からは想像のできない声、トークが出てくるタイプで、視聴者にインパクトを与える形[20]」）の在り方である。漫画やアニメなどの固定的な設定とは異なり、むしろVTuber本人がプロフィール文を「偽」に変えるような振る舞いをすることによって、ただの日常的な語りが大いにギャップのある（しばしば魅力的と受容される）ものへと変貌することになるのだ。まさにVTuber文化においては、VTuber本人の発言や行動がプロフィール文に先立つと言うことができるだろう。

1.3 「フィクショナルに真」であるようなプロフィール文

1.2においては、「真偽」の観点からプロフィール文について論じてきた。続けて1.3において論じるのは、「フィクショナルに真」であるようなプロフィール文である。

例えば、「ホロライブEnglish」に所属する小鳥遊キアラさんは「不死鳥」のVTuberである。彼女のプロフィールは次である。

> ファストフードチェーンの店主になりたいアイドル。不死鳥であり、ニワトリや七面鳥ではない。(重要)
> 彼女は命を削りながらすごく頑張って働いている、どうせ死んでも灰から蘇られるから。[21]

だが私たちは、例えば小鳥遊キアラさんがオーストリア出身であるということを知ったときに、「オーストリアで不死鳥が見つかったというニュースが知れ渡ったら、世界中大騒ぎになるのではないか?」というふうに推測することはない。[22] それは(富山豊の表現に従うならば[23])、「小鳥遊キアラ」を不死鳥として見なすというのはあくまで「鑑賞の約束事」であり、「小鳥遊キアラ」の配信者自体は不死鳥ではないということを鑑賞者は「素の信念」として理解しているからである。こうした意味で、「小鳥遊キアラは不死鳥である」という命題は、あくまでフィクショナルに真であるものである。[24]

ただし、「フィクション」という言葉はしばしば「虚偽」や「嘘」、「非存在」という意味を示す言葉として理解されてしまっているが、「フィクショナル」とは、元より「実際には存在しない」とか「嘘である」といった消極的な内容だけを示すような概念では全くない。前述したように、「フィクション」という言葉で指すのは、「それによって鑑賞者が一定の命題をあたかも真であるかのように想像する（メイクビリーブする）ことが意図された事物」という意味である。特定の形を持った木の塊（例えば「木彫りの熊」）やインクの染み（例えば「吾輩は猫である」という書き出し）がある特定の命題を想像させるように意図された事物として制作されるとき、それらの対象は「フィクション」であると言われる（そしてフィクショナルな対象や命題が想像させられる）。小鳥遊キアラさんの例で言えば、彼女に「不死鳥」というフィクション性が付け加わることで、通常の人間のライブ配信を観るときとは違った想像力が喚起される（そしてそれがしばしば魅力的な鑑賞体験を引き起こす）ことになるのである。

さて、VTuber のプロフィール文における「不死鳥」や「天使」、「魔王」といった、明らかにフィクショナルであるような属性だけがフィクショナルであるわけではないということには注意しなければならない。例えばにじさんじには「JK組」というユニット名の三人組（月ノ美兎さん、樋口楓さん、静凛さん）がいるが、彼女たちは特に留年をすることもなく、「女子高生」を四年、五年と続けている。彼女たちは季節が一巡しても年齢が変わることもなく、学年が上がることもない。そしてこうした年齢の不変性に対して、「高校3年生[25]」である静凛さんははっきりと見解を述べている。彼女は二〇二三年二月十九日のライブ配信にて、「お母さんが凛ちゃん5年間留年してるの？　って言ってる」という視聴者からのコメントに対して、次のように答えているのだ。

あの、「サザエさん」だと思っていただけたらと、ママにお伝えください。この世界は……V［VTuber］の世界は——大体いま半々くらいなのかな——半々くらいの人は、「サザエさん」のシステムで成り立っていると、伝えてもらえますか。毎年ループしてるけど、毎回ストーリーは違ってるから。[26]

ここで静凛さんが述べているのは、季節が一巡しても変わることのないVTuberの年齢を、「サザエさんのシステム」で解釈するという道である。実際、月ノ美兎さんも二〇二〇年一月二日に「（自分たちが）サザエさん時空に閉じ込められている[27]」という表現を用いている。『サザエさん』は長谷川町子による漫画であり、一九六九年から現在に至るまでアニメ版が放送されている長寿番組でもある。『サザエさん』においては「サザエ」や「マスオ」といった人物たちが描かれているが、彼らは季節が一巡しても年を取ることがない。『サザエさん』の虚構世界においては、登場人物の年齢が積み重ねられることなく、それぞれの季節に応じた物語がその都度新しい形で紡がれているのである。そして、にじさんじに所属するVTuberたちも、その多くは「サザエさんのシステム」において解釈される存在であると静凛さんは述べている。すなわち、多くのVTuberたちは、プロフィール文において与えられた年齢が変わることなく、二年目、三年目という形で活動を蓄積していくのである。[28]

なぜこのようなことが可能なのであろうか。それは、VTuberのプロフィール文において与えられている「〇〇歳」や「中学／高校〇年生」といった文言が、フィクション（すなわちそのような年齢や肩書に結びついた一連の命題をあたかも真であるかのように鑑賞者に想像させることを意図されたもの）だからである。言い換えれば、静凛さんが「高校三年生」であったり、月ノ美兎さんが「高校二年生」であったりするのは、フィクショナルに真である命題として成り立つのだ。

静凛さんの事例が興味深いのは、自らの「五周年」を記念する雑談配信の中で、VTuberの年齢をフィクショナルなものとして解釈する枠組みを提示しているからである。こうしたフィクション性に支えられることによってこそ、私たちは何年経っても、静凛さんを「高校三年生」として鑑賞することができるし、月ノ美兎さんを「高校二年生」として鑑賞することができる。このようにVTuberのプロフィール文に部分的に含まれたフィクション性は、VTuber

に関する鑑賞者の想像力を安定した仕方で一定の方向に導く機能を有しているのである。[29]

また、「JK組」と同じように学年が変わらないVTuberとして、周央サンゴさんの事例もここで見てみたい。周央サンゴさんは二〇二〇年八月六日にデビューしたVTuberであるが、彼女のプロフィール文は毎年「今年度から学院中等部に通い始めた1年生[30]」である。彼女は学年が上がることもなく、中等部から高等部に進学することもない。彼女はずっと「今年度から学院中等部に通い始めた1年生」の「周央サンゴ」である。そして、ここで特に注目したいのが、「七次元生徒会」の例である。

周央サンゴさんとレオス・ヴィンセントさんは、二〇二三年八月九日に投稿された「七次元生徒会」の動画配信の中で、「グミと輪ゴムどちらが美味いかディベート対決[31]」を行った。前述したように、周央サンゴさんは「今年度から学院中等部に通い始めた1年生」であり、レオス・ヴィンセントさんは「日々怪しい薬について研究するマッドサイエンティスト[32]」である。二人はこの動画の中で、グミと輪ゴムのどちらが美味しいのかについてのディベートを行った（「グミ派」が周央サンゴさんであり、「輪ゴム派」がレオス・ヴィンセントさんである）。

周央サンゴさんはハイテンションな早口でトークを展開するVTuberであるが、こうした彼女の振る舞いと、（まだあどけなさが残り、ハイテンションに活動する子どもを連想させる）「中等部一年生」というプロフィールのフィクション性の相性はすこぶる良い。すなわち、周央サンゴさんの所作や振る舞いに「中等部一年生」というフィクション性が付け加わることによって、「中等部一年生の女の子がマッドサイエンティストに対してグミの美味しさを力説する」という命題が鑑賞者に想像されるように指定されるのである。そこに見出されるのは、中学生の女の子が研究者に「頭の良さ」を賭けて対決を挑む（そしてそれに対して研究者が謎の理論で応戦する）という情景である。こうした動画内容に対し、YouTube のコメント欄でも「可愛い」という反応が多く寄せられていた。

こうした反応が多くを占めたのは、もちろん二人のやり取り自体が面白かったというのもあるだろうが、二人がそれぞれ「中等部一年生」と「マッドサイエンティスト」という（「子ども」と「大人」というある種の上下関係を含意した）フィクション性を有していたという理由もあるだろう。もし仮に、周央サンゴさんとレオス・ヴィンセントさんが、それぞれ「騎士」と「魔法使い」というフィクション性を有していたとするならば、（たとえ二人の間でなされるやり取りが全く同じであったとしても）そこでは異なる想像の指定と結びついた別様の鑑賞体験が引き起こされていたことだろう。

1．4「アイデンティティの引き受け」としてのプロフィール文

さて、本節において最後に検討するのはシスター・クレアさんの事例である。シスター・クレアさんのプロフィール文は次のように記載されている。

普段は教会にいて、マザーの元で病気を患った貧しい人の世話や、孤児の面倒をみている。こちらの世界の疲れ気味な人々を少しでも癒そうと、配信を始めた。[33]

こうしたプロフィール文は、（前述の『アマガミ』の事例のように）あたかもアニメ作品やビデオゲーム作品の登場人物の設定であるかのように思われるかもしれない。また、「シスター」という名前から連想される「カトリックの教会においてキリストの教えを人々に伝える修道女」という一般的なイメージと結びつけて、シスター・クレアさんに対し「シスターっぽくない」と判断する者も出てくるかもしれない。だが、そうした反応を行う視聴者に対して、シスター・クレアさんは次のように述べる。

「シスターっぽくない？」とか、「シスターっぽいことしてる？」って言われたら、私はシスターと言うのは生き様であり、役職のことを指しているのではないので……と主張していきたい。[34]

ここでシスター・クレアさんが示しているのは、「シスター・クレアはシスターである」という命題が、あたかも「偽」であるようなものとして捉えられることに対する抵抗感である。シスター・クレアさんが述べる「シスターとしての在り方」は、次のような形で言明される。

シスターとしての在り方は、神について語るとかそういうことではなくて、みんなが日常生活において心穏やかに過ごせるように、私がいろいろ教えてもらった術を、みんなに分かりやすい、みんなが生活の中で取り入れやすいような言葉とか例えを用いて、私は毎日動画とかお悩み相談とかで話している。だから、「シスターらしさがない」と言われるのは、ちょっと、あまりにも（中略）……なんか、アニメのキャラクターとか、そういう風に思っているのかな、というのはちょっと思いますね。[35]

こうした言明から明らかなように、シスター・クレアさんは（「フィクショナルに真」である事態を示すような）単なる「設定」として「シスター」という属性を考えているわけではないことが分かる。シスター・クレアさんにとって、こうした一つの「在り方」（生き方）として「シスター」の生き様を選択するとは、「シスター」として生きていくことを望み、そのような生活を実現する意図を実現していくことである。言わば「シスターとしてのアイデンティティ」を引き受けるという明確な自己意識を、私たちはここから見て取ることができるのだ。

ここで私たちは、J・L・オースティンの言語哲学の知見を用いることができるだろう。オースティンが述べるように、私たちが発する言葉の中には、そもそも「真偽」が問題にならないような「遂行的発話（performative utterance）」なるものが存在する。「遂行的発話」とは、

「その発話を発することが行為の遂行である」[36] ような行為のことを指す。例えばオースティン自身の例を出すならば、「命名する（name）」、「賭ける（bet）」、「約束する（promise）」といった発話である。これらの発話は、何らかの事態の真偽を記述する類いのものではなく、その発話を行うことを通して実際にその行為を行うものである。オースティンが喝破するように、私たちの言語が事実の真偽を判定する言明だけに尽きてしまわない以上、VTuber のプロフィール文の分析は、こうした遂行的発話の観点からもなされる必要がある。

そして、オースティンの言語行為論から考えるならば、上述のシスター・クレアさんの発言は「拘束型」[37] に該当するものとして整理することができるだろう。オースティンの「拘束型」の分類に従うならば、前述のクレアさんの理念は、「意図する（intend）」、「企てる（purpose）」、「計画する（plan）」といった含意の含まれた遂行的発話としてパラフレーズ可能である。つまり私たちは、「シスター・クレアはシスターとして生きることを意図している」という仕方でシスター・クレアさんの在り方を理解することができるのだ。

シスター・クレアさんは、自らのプロフィール文を用いることによって、「生き様」として、シスターであるという現実に真である主張を行っている。このような在り方をするシスター・クレアさんに対して「あなたはシスターではない」という発言（ないしそれに準ずる発言）を行うのは、二重の意味で悪い。一つは、（これはどの VTuber にも当てはまることであるが）「X」という属性をプロフィール文の中で与えられている VTuber を「X」として見なすという「鑑賞の約束事」を破っているからである。それは、例えば小鳥遊キアラさんに対して「あなたは不死鳥ではない」と言っても生じる違反である。だが、シスター・クレアさんの場合はそれだけではない。彼女は「生き様」としてシスターであるという現実に真である主張を行っている。これを否定するのは、シスター・クレアさんの人格や在り方そのものを否定することに繋がるのである。こうした意味で、シスター・クレアさんの「シスター」としてのアイデンティティを否定することは、二重の意味で認められないのである。

あるプロフィール文に対して鑑賞者が「真か偽か」を判断する前に、そのプロフィール文を「自らのアイデンティティとして引き受けるか否か」をVTuber本人が判断するステップが存在する。VTuber本人がそうした「引き受け」を明示していない場合もあるが、もしもそれを明示している場合、VTuber本人の意向がまず尊重されるべきであろう。なぜなら、そこで相手のアイデンティティを否定することは、VTuber本人の継続的かつ安定した活動を妨害する行為になるだけでなく、そのようなアイデンティティに応じた形で配信活動を行うVTuberのコンテンツを適切に鑑賞することができなくなるからだ。

VTuberのプロフィール文を解釈するときにまず求められるのは、当該のプロフィール文に対してVTuber本人がどのような態度を取っているのかを理解することである。プロフィール文の場合、それが明確に「真」である（例えば武道館ライブを目指しているVTuberのプロフィール文に「夢は武道館ライブ」と書かれている）場合もあるし、（前述した『アマガミ』のような仕方で）単なるフィクショナルな「設定」として属性が付与されていることもあるだろう。だが、当該のプロフィール文を自らのアイデンティティとしてVTuberが引き受けている場合、例えばシスター・クレアさんであれば「シスター」として鑑賞されるのが適切なのである。

さて、本節においては「VTuberのプロフィール文の問題」について論じてきた。これまでの議論を本節の最後で振り返りたい。まずVTuberのプロフィール文は、漫画やアニメの設定とは異なり、VTuberの活動遍歴の中で柔軟に変化しうる存在である。それゆえ、「いつの時期のプロフィール文なのか？」、「なぜプロフィール文を変更するに至ったのか？」、「そのプロフィール文は一人で考えられたのか、それともファンと共に考案したのか？」などといった問いを持ちながら個々のVTuberのプロフィール文について検討する必要がある。

そして、VTuberのプロフィール文を解釈する際には、それぞれ①「真偽」の観点から解釈するアプローチ、②「フィクショナルに真」として解釈するアプローチ、③「アイデンティティの引き受け」として解釈するアプローチの三つが存在する。①においては「VTuberの人柄や趣味嗜好、活動遍歴や目標などをプロフィール文が言い当てているのか」という観点から解釈され、②においては「フィクショナルな性質がVTuberに付与されているのか」という観点から解釈され、③においては「VTuberが自らのプロフィール文を引き受けているのか」という観点から解釈される。このうち、フィクショナルな要素が入り込むのは②だけである。このようにVTuberのプロフィール文を解釈するためには、VTuberの在り方やその歴史性がプロフィール文とどのような関係を結ぶのかを理解する必要があるのである。

第二節　フィクションとして提示されるVTuberの在り方

VTuberを三つのタイプに分ける本書が主題にするのは「非還元タイプ」（Cタイプ）のVTuberである。このタイプのVTuberは生きた実在の行為主体であり、それ自身がフィクショナルな存在として捉えられることはない。実在の行為主体がフィクショナルな存在としては捉えられないのは、メタバースの中で活動するユーザーたちの存在が決してフィクショナルなものではないのと同じである。

非還元タイプのVTuberは、配信者タイプ（Aタイプ）のVTuberとも虚構的存在者タイプ（Bタイプ）のVTuberとも同一視されない、独自のアイデンティティを有した制度的存在者である。しかしこのことは、CタイプのVTuberがA・BタイプのVTuberと共通する性質を全く持たないことを意味するわけではない。CタイプのVTuberは配信者の身に降りかかった日常的な出来事についても語るし、あたかも何らかのフィクション作品の登場人物であるかのように自己を演出することもある。このように、CタイプのVTuberはA・BタイプのVTuberと重なる仕方で成立しているからこそ、A・Bタイプ両方の性質を利用することができる。CタイプのVTuberが現実世界の配信者のような配信活動（例えば実際に行った旅行やグランピングについての動画投稿）をしても、フィクション作品の登場人物であるかのような演出（本節にて後述）をしても違和感があまり生じない（少なくとも魅力的なコンテンツとして成り立っている）のには、こうした背景があると言えるだろう。

本節の目的は、CタイプのVTuberが自らをフィクション化する諸様態を分析することを通して、彼らの魅力がどのように高まっているのかについて検討することである。本節においては、VTuberの動画の一部ないし全体がフィクション化されている事例（2．1）、VTuber自身が何らかの虚構的存在者を演じている事例（2．2）、そしてVTuber自身が配信活動の中でフィクション性を帯びた物語を展開する事例（2．3）の三つを順に検討していくことで、CタイプのVTuberとフィクション性がいかに連関し合っているのかについて論じていく。

2．1　VTuberの動画の一部ないし全体がフィクション化されている事例

まず検討したいのは、VTuberの動画の一部がフィクション化されている事例である。ここでは雪花ラミィさんの事例を取り上げる。雪花ラミィさんは二〇二一年十一月十五日に行われた誕生日ライブの中で、３Dアニメーションを用いた特殊な演出を用いた。[38] 本動画の四十一分四十八秒から四十六分四十六秒の間で映されたのは、雪花ラミィさんが「ホロライブ」に合格し、初のライブステージへと飛び込むまでを描いたアニメ映像である。言わばこのアニメは、

雪花ラミィさん本人が「雪花ラミィ」役を演じている（声を当てている）という構造になっている。この約五分間の映像作品を、鑑賞者は（アニメや映画を観るときに典型的な）鑑賞モードにおいて受容していると言えるだろう。

そして、四十五分二十一秒頃にアニメ映像の中で「ライブステージへの扉」が開かれ、四十六分四十六秒頃に実際のライブ会場へと飛び込むという形で、フィクショナルな演出と（VTuberという映像ジャンルを構成する）バーチャルな映像技術がシームレスな形で結合されているのである。これによって鑑賞者には、「まるでアニメの世界から現実の世界に女の子が飛び込んできた」という想像力が喚起されることだろう。元より日本語圏の漫画やアニメ文化に近しい容姿をしているVTuberであるからこそ、こうした演出が無理のない形で行われると言える。もちろんこうした演出自体は現実世界の配信者でも容易に行えるのではあるが、それが鑑賞者の美的体験をより向上させる効果を発揮するかどうかは別問題である。そして雪花ラミィさんの事例は、アニメ作品の中で自らをフィクション化する工夫をライブ動画の中に挿入することを通して、当の誕生日ライブ自体をより魅力的なものに高めることができたと言えるだろう。

また、デビュー配信の冒頭において、何らかのフィクショナルな物語を導入に用いているVTuberの事例も数多い。例えば「のりプロ」に所属するレグルシュ・ライオンハートさんは、「たくさんの獣人族が住まう国」に可愛らしい子ライオン（レグルシュ・ライオンハートさん）

が生まれ、その後、六歳になった際に谷に落とされてしまうというフィクション物語を初配信の冒頭において展開している。[39] 他にも、ホロライブプロダクションに所属する博衣こよりさんも、「とあるサバンナ」にコヨーテの夫婦がおり、その間に女の子のコヨーテ（博衣こよりさん）が生まれたというフィクション物語を初配信の冒頭において提示している。[40] また、仮に何らかの台詞が添えられていなかったとしても、夜の高層ビルの間を駆け回るというフィクショナルな演出から始まる「Neo-Porte」所属の或世イヌさんの事例も、動画の一部がフィクション化されている分かりやすい事例である。[41] こうした演出が容易に可能なのは、VTuber文化における特徴の一つであると言えるだろう。

次に検討したいのは、VTuberの動画の全体がフィクション化されている事例である。ここでは「ぶいすぽっ！」の事例を取り上げる。「ぶいすぽっ！」とは（「Apex Legends」や「VALORANT」を筆頭とした）「eSports」タイトルに特化した配信活動を行うVTuberグループであるが、「ぶいすぽっ！」は二〇二〇年二月一日に公式でアニメーション映像「0.2秒の物語」を公開している。[42] 本動画は、「花芽（かが）すみれ」、「花芽（かが）なずな」、「小雀（こがら）とと」、「一ノ瀬うるは」の四名から構成される「Lupinus Virtual Games」が主演のアニメーション映像であり、特に「eSports」作品をプレイする中で葛藤を抱えつつも、仲間たちと共に大会優勝を目指して奮闘する花芽なずなさんの姿に焦点が当たっている。まるで青春アニメの一コマを切り取ったかのような瑞々しい映像表現は、花芽なずなさんたちの日頃の配信活動をより生き生きとした仕方で想像させるのに十分な効果をもたらした。

本動画の時点で「ぶいすぽっ！」は上記の四名しか在籍していなかったが、それから「胡桃のあ」、「橘ひなの」、「如月れん」の三名から構成される「Iris Black Games」、「兎咲（とさき）ミミ」、「空澄（あすみ）セナ」、「英（はなぶさ）リサ」の三名から構成される「Cattleya Regina Games」、そしてソロメンバーの「神成（かみなり）きゅぴ」、「八雲べに」、「藍沢エマ」、「紫宮（しのみや）るな」、「猫汰つな」、「白波（しらなみ）らむね」の六名が「ぶいすぽっ！」に加入し、新たなるアニメーション映像が二〇二二年十二月三十一日に二本公開される運びとなった[43]。一つが「ぶいすぽっ！」のオリジナル曲「for Victory!」のアニメーションMVであり[44]、もう一つが「ぶいすぽっ！」の新ロゴアニメーションPVである[45]。前者の動画は、動画制作の時点で十六名いた「ぶいすぽっ！」のメンバーそれぞれの魅力に焦点を当てた非常にクオリティの高いMVであり、このまま全十二話のアニメ作品のオープニングとしても使えそうな水準の作品である。そして後者の動画においては、冒頭に登場する花芽すみれさんの存在感もさることながら、とりわけ俊敏な動きで銃撃戦をリードする橘ひなのさんの姿が多くの話題を呼んだ。ここでは、VTuberがアニメーションとして躍動する姿を通じてこれまでとは別の観点から鑑賞者の興味関心が高められ、そのことによってVTuberの新たな魅力が引き出されているという構造を見て取ることができる。すなわち、こうしたフィクション作品がある種の「モデルケース」として機能することで、当のVTuberを鑑賞する際の想像力の働きが一定の方向へと向けられうるのである。こうした事例は「にじさんじ」や「ホロライブプロダクション」でも見出すことができる。[46]

ここまで本格的なアニメーション作品でなくとも、例えばオリジナルソングにおいて漫画的な表現を行うことで、VTuberのプロフィール文に即したフィクション物語を提示する例もある。「プロプロプロダクション」（現在は分化して「めるれっと」）に所属する咲夜あずささんのオリジナルソング「拝啓、主殿！」[47]などはその分かりやすい事例である。このように、VTuberをフィクション作品の中で描き出す取り組みは、VTuber自身の魅力を高める有効な手法の一つとして積極的に用いられていると言えるだろう。[48]

2．2　VTuber自身が何らかの虚構的存在者を演じている事例

2．1においては、演出のレベルでVTuberがフィクション化される事例について検討してきた。2．2においては、こうしたタイプのVTuberが（自分以外の）何らかの虚構的存在者を演じる事例について見ていく。

2．2のトピックで典型的なのは、VTuberが声優を行うという事例である。例えば「にじさんじ」の健屋花那さん、シスター・クレアさん、星川サラさんは、株式会社バンダイナムコエンターテインメントによる音楽原作キャラクタープロジェクト「電音部」にて声優を務めている。[49]また、ホロライブの尾丸ポルカさん、白上フブキさん、白銀ノエルさんも、３Dアクシ

ョンゲーム『Little Witch Nobeta』にて声優を務めている。[50] さらに、忍者系VTuber「朝ノ姉妹ぷろじぇくと」の朝ノ瑠璃さんは、二〇二一年十一月一日から声優事務所「クロコダイル」に所属し、テレビアニメ『邪神ちゃんドロップキックX』では「エキュート」役を務めている。

さらに、VTuber自身が俳優として虚構的存在者を演じるという興味深い事例を見出すこともできる。例えば二〇一九年四月十九日より、テレビ東京系の金曜深夜ドラマ「ドラマ25」枠にて『四月一日さん家の』（第一期）という作品が放送されたが、これは実在するVTuberであるときのそらさん、猿楽町双葉さん、響木アオさんの三名が、それぞれ「四月一日一花」、「四月一日双葉」、「四月一日三樹」役で出演している作品である。また、二〇二〇年四月六日からは前述作品の第二期にあたる『四月一日さん家と』が放送されるのだが、第二期においては、夏色まつりさん、大空スバルさん、朝ノ瑠璃さんといったVTuberも作品内に登場することになった。また、近年の事例で言えば、にじさんじのVTuberを俳優として起用するメディアミックス作品『Lie:verse Liars（リーバース・ライアーズ）』も非常に興味深い取り組みである。この作品においては、例えば健屋花那さんは「姫川沙希」役として、物述有栖さんは「ステラ」役として、リゼ・ヘルエスタさんは「雉子優良希」役として、そして叶さんは「久我夜色」役として参加している。

こうした事例において興味深いのは、俗に「中の人」と言われるような人物（本書において一貫して「配信者」と呼んでいる存在）が「VTuber」の声優・俳優を務めるという構造になっているのではなく、タレントとしてVTuberが（何らかのフィクション作品の）作中人物の声優・俳優を務めるという構造になっているという点である。こうした表記の仕方は、今日のVTuber文化におけるVTuberたちが典型的には「配信者」にも「虚構的存在者」にも還元されない仕方で活動しているという点をよく表しているように思われる。

もしも健屋花那さんが虚構的存在者タイプのVTuberであるならば、「健屋花那」を演じている人物の名前が「鳳凰火凛」の声優として表記されていることだろう。この場合において、「健屋花那」が「鳳凰火凛」の声優としてクレジットされるのは極めて奇妙である。[51] また、もしも健屋花那さんが配信者に還元される存在であるならば、クレジットで表記される「健屋花那」という名前を見て思い浮かぶイメージは現実世界の人間の姿であるだろう。だが、健屋花那さん自体は日本の二次元文化に由来する表象様式で描かれている存在であり、私たちが「健屋花那」というクレジットを見てイメージするのもそうした姿であるだろう（すなわち配信者の姿をイメージするわけではない）。こうした点を考慮するならば、「VTuberの名前が声優・俳優のクレジットとして表記される」という事態は、VTuberが制度的存在者として独立の（すなわち配信者にも虚構的存在者にも還元されない）地位を有していることを反映していると言えるだろう。

2．3 VTuber自身が配信活動の中で物語を展開する事例

編集された動画を投稿するスタイルが主流であった頃は、「げんげん」や「ピクセルコ」など、フィクショナルな物語を展開するVTuberは珍しい存在ではなかった。ライブ配信が主流になる前の「バーチャルYouTuber」は、短く編集された動画の中で何らかの物語を展開するというスタイルが数多く見られたのである。鑑賞者はそれらの動画をまるで短編アニメを受容するかのようなモードで鑑賞することができた。

動画投稿主流のスタイルからライブ配信主流のスタイルへと潮目が変わるのは、「にじさんじ」や「ホロライブプロダクション」の活動が精力的になってきた頃合いである。とりわけライブ配信主体の活動スタイルの先鞭をつけた「にじさんじ」においては、上記のようなフィクショナルな物語を展開するというよりも、VTuberと身体的に連動する配信者の個性が鑑賞ポイントになるようなライブ配信が活発に行われ続けた。こうした状況の中で、しかし、当の「にじさんじ」の中でフィクショナルな物語展開を行うVTuberが現れ始める。俗に「ストーリー勢」や「劇場型配信」と言われるような配信活動を積極的に行っていた人物として特に名前が挙げられるのは、現在も活動を続けている鈴木勝さん、二〇二〇年十月三十一日に引退した出雲霞さん、そして二〇二二年七月二十八日に引退した黛灰さんの三名である。

彼らによって紡がれていた物語にはいくつかの特徴がある。第一に、彼らが展開する物語は

「リアル（実在）」と「フィクション」が融和したものである。彼らの物語が「フィクション」であるというのは、次の意味においてである。すなわち、彼らがライブ配信や投稿動画の中で発する言葉の数々は、単に「鈴木勝」や「出雲霞」の配信者の感情や体験を伝えるものではなく、「鈴木勝」や「出雲霞」という存在（ひいては「2434システム」[52]をめぐる物語全体）に関する特定の命題をあたかも真であるかのように鑑賞者に想像させるように意図されたものである、という意味においてである。そして彼らの物語がリアルであるというのは、彼らの紡ぐ物語自体が、彼らのVTuber活動の在り方に決定的な影響を与えるという意味においてである。虚構的存在者タイプのVTuberとは異なり、非還元タイプのVTuberには忠実に演技や再現を行う「原典」が存在せず、（企業勢の場合はときに運営やマネージャーと相談しながら）自らの配信活動のコンセプトや方向性を決めていく。そして、こうした長期的な「劇場型配信」を行うことでVTuberとしての自己の提示を行うということは、それ自体がそのVTuberの在り方を賭けた選択なのである。「鈴木勝」、「出雲霞」、「黛灰」の三人を中心に展開された「2434システム」をめぐる一連の物語は、彼らのVTuberとしての活動そのものを賭けて紡がれたリアルな物語であった。こうした意味で、彼らの物語は、鑑賞者にある命題をあたかも真であるかのように想像されるように意図されているという意味でフィクショナルであると同時に、彼らのVTuber活動そのものの実際的な重みを背負っているという意味でリアルな物語でもあったのだ。

第二に、彼らの物語は「視聴者参加型」で紡ぎ出される。例えば鈴木勝さんの「初配信」[53]の例で言えば、脱出のための手がかりを探す場所として「右手の棚」、「左手の木箱」、「倒れていた場所」という三つの選択肢が与えられているのだが、これに対して鑑賞者は、チャット欄に選択肢を打ち込むことで、物語の中に実際に参加することができる。こうした事例の中で特に有名なのが、黛灰さんが行った「Twitterアンケート」の事例である。黛さんは二〇二一年六月三十日に、「Twitterアンケートで「現実に送り出される」、「仮想に再構築される」という二つの選択肢を提示し、このアンケート結果に応じて自身の今後の進路を鑑賞者に決めさせるという取り組みを行った。[54]このように、リアルとフィクションが混交した物語の展開に鑑賞者自体が関与できるのみならず、さらに鑑賞者はその物語の「当事者」となることができる。このように、鑑賞者を巻き込む形でフィクショナルかつリアルな物語が展開されることによって、フィクション作品を単に受容するとき以上の体験を鑑賞者に与えることができるという事態は特筆に値するであろう。こうした独特な鑑賞体験は、彼らが、現実世界に根差す配信者にも還元されず、虚構世界に根差す虚構的存在者にも還元されない、その双方の要素から構成される制度的存在者としてVTuber活動を行っているからこそ可能になっているのだ。

第三に、彼らの物語を解釈するための「手がかり」や、その物語自体の魅力を高める「謎」が、各種プラットフォーム上に散りばめられている——さらにはそれらが喪失してしまう——という点が挙げられる。例えば出雲霞さんは、自らの存在の謎を「Mirrativ」や「Twitter」

で散逸的な仕方で提示した。[55]黛灰さんも、Twitterのアイコンやプロフィール文を変更したり、「YouTube」の「コミュニティ」欄に「黛灰に関する所長の記録」と題した謎の記録を投稿したりした。このように、物語の全容を理解するためには、鑑賞者自身が手がかりをインターネット上で収集し、能動的に解釈を行わなければならないのだ。こうした観点は、前述の「視聴者参加型」の論点と軌を一にすると言えるだろう。さらに、こうした「手がかり」は、投稿者本人によって削除されたり、何らかの事情によって閲覧できなくなったりもする。そうした意味で、「出雲霞の物語」や「黛灰の物語」を完全な仕方で鑑賞するのは、もはや不可能と言っても過言ではない。こうした物語の喪失性も、アニメや映画などの既存のフィクション作品とは異なる鑑賞体験を鑑賞者に与えると言えるだろう。

これまで、VTuber自身が配信活動の中でフィクショナルな物語を展開する事例として、特に三人のVTuberの事例について詳しく見てきた。非還元タイプのVTuberは、配信者の個性を鑑賞の見どころに据えるような配信活動を数多く行う。だが、そうしたタイプのVTuberであるからこそ、彼ら自身によって上述したようなフィクショナルかつリアルな物語が展開されるとき、そこでは通常のフィクション作品の鑑賞体験とは異なる臨場感が鑑賞者に与えられることになるのである。[56]

第三節　現実世界における体験談の問題

続けて検討していきたいのは、「現実世界における体験談問題」についてである。そもそも、非還元タイプのVTuberを考察するに際して、「現実世界における体験談」はなぜ問題になるのだろうか。まずはこの問題の概要を確認しつつ、この問題に対して四つの解釈が提示可能であることを示す（3．1）。続けて現実世界におけるVTuberの体験談を制度的事実として解釈する道筋を提示する（3．2）。最後に、現実世界におけるVTuberの体験談に関するフィクション性および非フィクション性を、ファンアート作品の観点も導入しつつ検討する（3．3）。

3．1　現実世界における体験談を解釈するための四つの立場

現実世界における体験談が問題になる理由、それは、現実世界における行為を行った主体が明らかに（VTuberではなく）配信者に限定されているからである。私たちが鑑賞するVTuberは、通常2Dないし3Dのモデルの姿をしたVTuberである。そして本書はVTuberの類型を暫定的に三つに分け、そのうちの非還元タイプのVTuberは、配信者とも虚構的存在者とも同一視されない制度的存在者であるという立場を打ち出した。だが、現実世界におけ

る体験談は、明らかにVTuberを配信者と同一視する立場にとって有利に働く事例である。例えば天使の羽が生えたVTuberが、その姿でコンビニに行くだろうか？　明らかにここでコンビニに行っているのは（人間の姿をした）配信者であり、こうした体験談の存在は、「VTuber＝配信者」という理解の図式を正当化するものであるように思われる。本書はVTuberの存在を配信者と切り分けて考える図式を提示しているが、その場合、こうした体験談をどのように解釈すべきなのかという問題が生じるのである。

ここで、選択肢は四つあるように思われる。一つ目は、こうした体験談の存在を重く受け止め、制度的存在者説から配信者説に切り替えるという選択肢である。実際、配信者説を取れば、現実世界における体験談の問題は解消される。「VTuber＝配信者」という図式を取れば、配信者の身に降りかかった体験談がVTuberの語りとして解釈されるのは当たり前だからである。配信者説を取れば、こうした体験談の事例を単純に説明することができるだろう。

二つ目は、「VTuber≠配信者」という本書の図式を強く解釈し、「VTuberの姿において実現できない行為は、配信者の行為である（すなわちVTuberの行為ではない）」と判断するという選択肢である。ここから導かれるのは、VTuberによって語られる現実世界における体験談を「偽」なる言明として解釈する道であろう。だが、VTuber本人が他でもない「私の行為」として現実世界における体験談を語る際に、それらの言明を一つ一つ「偽」として解釈するという立場は擁護できないように思われる。そうした解釈は鑑賞者としての直観に反するし、何よりも、「私の行為」として当該の体験談を語るVTuberの姿勢を否定するように思われるからだ。

三つ目の選択肢は、現実世界における体験談を「フィクショナルに真」であるような言明として解釈する選択肢である。例えば、天使の姿をしたVTuberが「コンビニに行った」と語るとき、実際にコンビニに行ったのは配信者であるが、あたかもVTuberが（その天使の羽を生やした姿で）コンビニに行ったかのように想像するのである。見たところ、こうした方策は有望であるように思われる。なぜなら、この立場を取れば、「VTuber≠配信者」という非還元的な図式を守りつつ、さらにVTuberの言明をフィクショナルに真なる言明として受け取ることができるからである。だが、この選択肢にも懸念は残る。というのも、基本的にフィクションは、現実世界における出来事との一致を問題にはしないからである。たとえ『シャーロック・ホームズ』の物語に登場する人物と全く同じ行動をとる人物が実際に十九世紀末のロンドンにいたとしても、それは『シャーロック・ホームズ』というフィクションの身分には何の影響も与えない（その一致は偶然として処理される）。

だが、VTuberによる現実世界における体験談は、明らかに現実世界における出来事との一致を意図する形で語り出される。[57] 例えばVTuberが「収録の現場に向かうためにタクシーに乗った」という体験談を話したならば（そしてそれが虚偽の発言でないならば）、実際に誰かがタクシーに乗り、運転手がその人物を目的地まで連れて行ったのである。こうした現実世界における出来事自体がフィクショナルなものとして成立するわけではない。こうした現実世界における出来事との一致という論点を考慮するならば、第三の選択肢は退けられる必要があるように思われる。

本書が提案するのは、第四の選択肢である。それはすなわち、現実世界における体験談を「制度的事実」として解釈するという立場である。本書は非還元タイプのVTuberを制度的存在者として解釈する図式を提示した。「大統領」や「会社」と同じく、「VTuber」もまた制度的存在者であるというのが第一章の議論の要諦である。ここで、現実世界における体験談の解釈に見通しをつけるために、会社同士の取引の例を考えてみたい。例えば会社Aが会社Bと取引をしたというとき、実際のところ取引を担当したのは、それぞれの会社に属している会社員同士である。しかし、だからといって「会社Aと会社Bが取引を行った」という命題がフィクショナルに真になるというわけではない。私たちは会社員同士の取引を見て「会社Aと会社Bが取引を行った」という命題をあたかも真であるかのように想像するわけではない。実際に、「会社Aと会社Bが取引を行った」という命題は、制度的事実のレベルで真なのである。そして第四の選択肢として本書が提案するのは、「収録の現場に向かうためにタクシーに向かった」という現実世界におけるVTuberの体験談は、制度的事実として成立しているという解釈である。

3.2　現実世界におけるVTuberの体験談を制度的事実として解釈する

本書において採用する解釈、それは、本来は配信者にしか帰属しなかった経験が、VTuberに生じた制度的事実として構成されるという解釈である。議論の道筋を明確にするために、配信者の経験がVTuberの経験として引き継がれる流れを明示したい[58]。

1. **「配信者sが出来事aを経験した」**は真である。
2. 配信者sがVTuber Xに対して「私は出来事aを経験した」と語らせることを通して、出来事aの経験をVTuber Xに帰属させようとする意図が配信者sによって提示される。
3. 配信者sの出来事aの経験が、2の文脈においてVTuber Xの出来事aの経験と見なされることによって、**「VTuber Xが出来事aを経験した」**という真なる制度的事実が成立する。
4. 出来事aは真正な経験として、配信者sからVTuber Xに引き継がれる。

この一連の流れを、ホロライブプロダクションに所属する赤井はあとさんの事例で説明していきたい。赤井はあとさんは、二〇二一年九月七日になるまで、自らが大学生であると明示的に告白することはなかった[59]。すなわち、それまでの間、「赤井はあと」と身体的に連動する配信者が有する経験（例：「私は大学に通っている」）と、それまで「赤井はあと」が有していた経験は、分離したままであったのである。その時点では、端的に「大学生になった」という経験が配信者に帰属しているだけであった。だが、ライブ配信中において（すなわち「赤井はあと」という存在が現に成立している状態で）「大学生になったんだよ！」と「赤井はあと」自身が述べることによって、「大学生になった」という配信者の経験を「赤井はあと」に帰属させようとする意図が、赤井はあとの配信者によって提示された。

赤井はあとの配信者が「赤井はあと」に「大学生になったんだよ！」と語らせることを通して、「大学生になった」という経験を「赤井はあと」に帰属させようとする意図が赤井はあとの配信者によって提示される――こうした文脈において、赤井はあとの配信者の経験が、「赤井はあと」の経験と見なされることになる。ここで見出されるのは、「Xは文脈CにおいてYと見なされる（X counts as Y in context C）」というサールの構成的規則である。つまり、赤井はあとの配信者の経験は、上記の文脈において、赤井はあとの経験と見なされるのだ。そして、こうした構成的規則のもとに、「赤井はあとが大学生になった」という制度的事実が成立するのである[60]。

こうした一連のプロセスによって、「大学生になった」という経験は真正な経験として、赤井はあとの配信者から「赤井はあと」に引き継がれることになる。ここで重要なポイントは、「いかなる経験をVTuberに帰属させるのか」という点を配信者は選択することができるという点である。赤井はあとの配信者は、「大学生になった」という経験を「赤井はあと」に帰属させたのであるが、それを「赤井はあと」に帰属させないという選択肢もまた可能であった。配信者の人生物語を構成する経験のうち、どの要素をVTuberに帰属させるのかという点は、配信者の選択に委ねられている。それは、VTuberとしてデビューする前の出来事に関しても同様である。例えば赤井はあとさんは二〇一八年六月二十日のライブ配信の中で「小学生のときに「信号の横にある白い棒」を跳び箱のように飛ぼうとして顔から転んだときの話[61]」をしているのであるが、こうした小学生時代の体験談は、元々赤井はあとの配信者の身に降りかかった出来事であった。こうした思い出が「赤井はあと」の経験として引き継がれたのは、赤井はあとの配信者がその経験を帰属させようと意図し、「赤井はあと」にその出来事を「私の体験談」として語らせたからである。

このように、VTuberの配信者は、自らの身に降りかかった出来事を、「VTuberが経験した出来事」として引き継ぐことができる。「配信者sが出来事aを経験した」という真なる言明は、「VTuber Xが出来事aを経験した」という制度的事実へと再構成される。すなわち、VTuberが現実世界における体験談について話している場面とは、「(VTuberである)私が……を経験した」という制度的事実が次々に成立している局面なのである。第二章においては、「可能態」の概念を導入することを通して「シームレスな鑑賞（seamless appreciation）」（可能的にはVTuberである配信者の要素をそのままVTuberの現れとして鑑賞する態度）の概念を提示したが、本章においては、発話行為を通して配信者（すなわち可能態）に生じた経験をVTuberの経験として移行させるという事態を「シームレスな経験の移行（seamless shift of experience）」と呼ぶことにする。

今日のVTuber文化における配信者たちは、しばしばこうしたシームレスな経験の移行を頻繁に行う。そしてシームレスな経験の移行は、非還元タイプのVTuberが配信者の要素を最も濃厚に引き継ぐ局面の一つであるのみならず、非還元タイプのVTuberの実在感（私たちと同じようにVTuberがこの世界に存在していると感じる感覚）を鑑賞者たちに刻み付けるものである。VTuberがライブ配信中に水を飲む。VTuberが収録現場に向かってスタジオで収録をする。VTuber同士が同じ家でオフコラボをする。VTuberたちが国内外の旅行に出かける。こうした制度的事実は、すべて配信者の真正な経験に基づいて成立しているからこそ、鑑賞者たちに圧倒的な実在感をもって受容されるのである。[62]

また、「真正な経験」と表現したときの「真正性（authenticity）」の意味を、二つの側面から説明したい。経験の真正性の第一の側面は、「贋作（コピーや紛い物）ではない」という性質である。VTuberと身体的に連動する配信者が実際に経験した事柄は、現実の出来事をモデルにして想像された作り物の類いではない。その出来事は実際にその配信者に起こり、配信者の人生の中に刻み込まれているのである。そうした経験について語る主体の語り口は非常に切実なものとなる。「赤井はあと」が大学生になって単位の取得に苦労していたのも、小学生のときに跳び箱で転んで痛い思いをしたのも、それらはすべて、そのときの苦しみや悲しみが含まれた当事者の経験なのである。シームレスな経験の移行とは、言い換えれば、VTuberによる当事者性の継承に他ならない。そして、こうした「当事者性」がVTuberの体験談の根底に存在するからこそ、VTuberの来歴や身の上話に関する誹謗中傷を行うことは、架空の設定に対する批判ではなく、現実に生きる存在者（配信者）に対する誹謗中傷として見なされるのである[63]。

経験の真正性の第二の側面は、「正統な（典拠となる）」という性質である。これは、先ほどの「贋作ではない」という側面よりもさらに積極的な意味合いを有する。ここで念頭に置かれている事態、それは、発話行為を通して一挙に引き受けられる配信者の行為や経験が、まさに当該のVTuberの存在を構成する要素として組み込まれるという事態である。「大学生としての経験」が「真正な経験」であるとは、（元々は配信者にしか帰属し得ない）「大学生としての経験」が「赤井はあと」という存在の唯一性を構成することに貢献するという意味においてである。ここで重要なのは、既に「大学生としての経験」は、「赤井はあと」が保持する「真正な経験」として移行されているということである。こうした意味において、配信者の経験は、非還元タイプのVTuberの存在を構成する正統な要素として組み込まれることになる。だからこそ、当該のVTuberの存在を十全に理解するためには、そのVTuberと身体的に連動する配信者の経験を「典拠」として参照するという作業が不可欠になるのである。これこそが、経験の真正性の第二の側面である。

VTuberたちは、自らのモデルの姿では実現できないような行為を含んだ現実世界に関する語りを行う。だが、当人たちが「昨日収録に行ってきてね……」と語ったとしても、それらは偽なる発言を行っているわけではない。本節において確認したように、現実世界における体験談において行われているのはシームレスな経験の移行である。そうした移行において、配信者の身に降りかかった出来事の当事者性がVTuberに引き継がれ、そうした真正な経験が、VTuberの唯一性の創出に貢献することになるのである。

そして、こうして「シームレスな経験の移行」という概念を導入すると、ある「バーチャルYouTuber」の特異性が際立つことになる。それはキズナアイさんである。今日のVTuber文化においては、もはやほとんどのVTuberたちが「シームレスな経験の移行」を行っていると言える。例えば長時間のライブ配信の中で、VTuberは水を飲むし、トイレ休憩にも立つし、どこかに遊びに行ったときのことも報告してくれるからである（そしてそれらはすべてVTuber自身の経験として帰属される）。だが、キズナアイさんは、そうしたことを一切行わないバーチャルYouTuberであった。[64] キズナアイさんは長時間のライブ配信を行うようになってからも、水を飲むこともなく、トイレに行くこともなかった。[65] また、キズナアイさんは「人間の世界」で実体化する動画を投稿しているが、これも夢オチに終わってしまう。[66]

こうした傾向は、もはや現実世界で動画を収録してしまうような今日のVTuber文化の在り様とは大きく異なるものである。[67] すなわちキズナアイさんは、現実世界における配信者の経験をシームレスに移行しなかったバーチャルYouTuberなのである。このように「シームレスな経験の移行」を意図的に制限する「VR空間で完結するタイプのVTuber」[68]と、にじさんじやホロライブプロダクションなどに所属するVTuber（および彼ら、彼女らから影響を受けた「Live2D系VTuber」）[69]の在り方は大きく異なるし、前者と後者のどちらのファンになるかで、そこで育まれる「VTuber」観も決定的に異なるものになるだろう。「シームレスな経験の移行」という概念は、こうしたVTuberの在り方の違いにも解釈の光を当てることができる概念であると言える。[70]

3.3 シームレスに移行された経験の非フィクション性とフィクション性

本節においては最後に、シームレスに移行された経験の非フィクション性とフィクション性について検討することにしたい。特に3.3においては、シームレスに移行された経験（現実世界におけるVTuberの体験談）を描いたファンアートの身分についても検討する。

3.2においては、「シームレスな経験の移行」という概念を提示した。ここで改めて、先ほどの赤井はあとさんの事例を用いて、何が「真」であり、何が「フィクショナルに真」であるのかを整理することにしたい。

① 「赤井はあと」の配信者が大学に行った ↓ 真
② 「赤井はあと」が大学に行った ↓ 制度的事実として真
③ 「赤井はあと」が（「赤井はあと」のモデルの姿で）大学に行った ↓ フィクショナルに真

私たちの理論は、VTuberが現実世界において体験する話をフィクショナルに真ではなく、制度的事実として真なる経験として受け止めるために準備されたものであった。そしてこの理論を用いれば、「赤井はあとが大学に行った」という記述は制度的事実として真なるものとして解釈することができる。

しかし、そうであっても、私たちの理論（すなわち制度的存在者説）では「赤井はあとが（あのモデルの姿で）大学に行った」という事態はフィクショナルに真であるようなものとしてしか解釈することができない。なぜなら、私たちが本書で探究する立場は、「VTuber」という存在の構成要件に「モデル」そのものを含んでしまっているからである。「モデル」なき存在は「配信者」であり、それ自体は直接的に「VTuber」として同一視されるわけではないというのが、本書が一貫して採用する立場（すなわち「VTuber ≠配信者」という図式）であった。

それでは、「赤井はあとが大学に行った」という記述が制度的事実として真であるにしても、実際に大学のキャンパスに足を踏み入れたのは「赤井はあと」の配信者であるのだから、それを「赤井はあと」の体験談として受容することはできないのではないだろうか？

そうしたことにはならない、というのが本書の立場である。ここで再び私たちは本書第二章で提示した「シームレスな鑑賞」概念を引き合いに出すことにしたい。「シームレスな鑑賞」とは、可能的にはVTuberである配信者の要素をそのままVTuberの現れとして鑑賞する態度であった。シームレスな鑑賞がしばしば行われるのはVTuberによる「料理配信」である。VTuberの料理配信においては、しばしば配信者の手が映り込んでいるが、その手は鑑賞者によって「VTuberの手」として受容されている。[71] なぜこのような受容が可能であるかといえば、配信者は可能的にはVTuberである存在者だからである。また、配信者がVTuberとしての倫理的アイデンティティを有しているならば、配信者本人を（VTuberのモデルの姿をしていなかったとしても）VTuberとしてシームレスに鑑賞することが可能になるのであった。

これと同様の説明方式において、現実世界におけるVTuberの体験談を解釈することができる。確かに、実際に大学のキャンパスに足を踏み入れたのは（あのモデルの姿をした「赤井はあと」ではなく）「赤井はあと」の配信者である。だが、「赤井はあと」の配信者は、可能的には「赤井はあと」である存在者に他ならない。例えば、（料理配信のように）もしも「赤井はあと」の配信者が大学のキャンパス内で過ごしている様子が手元だけ映されているとすれば、そうした映像は鑑賞者によって「赤井はあとが大学を訪れている映像」としてシームレスに鑑賞されるはずである[72]。このように、もしもその映像が残されているのであれば「シームレスな鑑賞」が可能であるような現実の体験談は、VTuberの経験としてシームレスに経験を移行させることが可能である。

このとき、問題になるのがデビュー前のVTuberの体験談である。先の「シームレスな鑑賞」においては、当該の配信者がVTuberとしての倫理的アイデンティティを有していることが必要であった。だが、デビュー前のVTuberは、VTuberとしての倫理的アイデンティティを有しているはずがない。それでは、VTuberとしての倫理的アイデンティティを保持していなかった頃の体験談を、VTuberの経験としてシームレスに移行させることが可能なのだろうか。

これに関しても、シームレスな鑑賞概念を拡張することで可能となるだろう。例えば「赤井はあと」による「はあちゃまクッキング[73]」シリーズは有名であるが、この料理動画では、「赤井はあと」の配信者の手がゴム手袋つきで映り込んでいる。この手を、私たちは「赤井はあとの手」としてシームレスに鑑賞している。そしてこれと同じように、例えば「赤井はあと」がライブ配信中に「これは私がちっちゃかった頃の手だよ」と言って、赤ちゃんの頃の手の写真を鑑賞者に突然公開したと仮定しよう。この赤ちゃんの手の写真も、鑑賞者たちは「赤井はあとの手」としてシームレスに鑑賞するだろう。なぜなら、その「幼児のときの赤井はあとの配信者の手」は、「赤井はあと」の存在を構成する可能態としてのVTuber（すなわち「赤井はあと」の配信者）の一部に他ならないからである。当然のことながら、「赤井はあと」の配信者が幼児期の頃は、その幼児はVTuberとしての倫理的アイデンティティを保持しているはずがない。だが、その存在の身体や、その存在にまつわるエピソードが「赤井はあとの配信者」に起因するものであれば、それらはシームレスに鑑賞（ないし受容）することが可能なのである。

実際に大学のキャンパスに訪れたのが「赤井はあと」の配信者であったとしても、「赤井はあとが大学に行った」という記述は制度的事実として真であり、それゆえ「赤井はあと」の経験として受容することができる。だが、先ほども確認したように、「「赤井はあと」が（「赤井はあと」のモデルの姿で）大学に行った」はフィクショナルに真なる事態として解釈されるのである。ここで問題になるのが、現実世界におけるVTuberの体験談を描いたファンアートの問題である。

「ファンアート」とは、ファンによって描かれた、既存の作品をもとにした二次創作作品を一般に指す言葉である。[74] VTuber文化においては、こうしたファンアートがX（旧Twitter）やpixivといった各種SNSで盛んに投稿されている。ファンアートを投稿する際のハッシュタグが定められていることも多く、例えば電脳少女シロさんのファンアートを投稿する際には「#SiroArt」のハッシュタグを用いることが慣例になっている。

さて、現実世界におけるVTuberの体験談に関するファンアートの事例について考えてみたい。引き続き、「赤井はあとが大学に行った」という事態を例に取る。改めて、この事例において何が真であり、何がフィクショナルに真であるのかをまとめよう。

①「赤井はあと」の配信者が大学に行った　↓　真
②「赤井はあと」が大学に行った　↓　制度的事実として真
③「赤井はあと」が（「赤井はあと」のモデルの姿で）大学に行った　↓　フィクショナルに真

そして、ファンがハッシュタグ「#はあとart」を用いて、赤井はあとさんが大学を訪れたときの様子を描いたファンアートを制作したとしよう。そうしたファンアートは、どのように解釈されえるのだろうか？

まず、②のレベルでは、赤井はあとさんが大学を訪れたのは制度的事実として真である。こうした観点からみれば、彼女が大学に行ったことを伝達するファンアートは、ある種のノンフィクション作品として理解されうると言えるだろう。なぜならば、それは制度的事実として真である出来事をVTuberの報告のままに描き出す作品に他ならないからだ。

だが、「赤井はあと」のモデルの姿で大学に行ったというファンアート作品は、③のレベルにおいてはフィクション作品として解釈されると言えるだろう。なぜなら、あのモデルの姿で大学に行くということを実現させることはできず、実際には配信者の姿で大学を訪れているからである（だからこそ、赤井はあとさんはお忍びで大学生活を送れているのである）。

このように、現実世界におけるVTuberの体験談に関するファンアートにおいては、ノンフィクション作品とフィクション作品の両方の性質が織り込まれていると言える。現実世界におけるVTuberの体験談に関するファンアートは、①および②（すなわち事実の伝達）のレベルではノンフィクション作品である。それは、実際にVTuberが体験した出来事としてシームレスに移行されているからである。

また、ファンアートは、③（すなわち事実の表象）のレベルではフィクション作品である。だが、あたかも（いつも配信画面で観ている）あの姿でVTuberが現実世界において何事かを体験したかのように想像するというのは、ときに非常に魅力的な営みである。VTuberとして活動をしていない（実写形式の）ストリーマーの話を聞いても、上述の①のレベルしか見出すことができず、そこに③のレベルを見出すことはできない。だが、モデルの姿を有するVTuberが現実世界における体験談を話すと、そこにフィクショナルな想像力を自由に行使する③のレベルを実践する可能性が鑑賞者に与えられるのである。

さらに、こうした想像力は単なる架空の物語ではなく、①および②のレベルで真として捉えられるノンフィクションとしての性質も有している。現実世界におけるVTuberの体験談は、①および②のレベルではフィクショナルなものではなく、あくまで③のレベルでフィクショナルなものなのである。このように、現実世界におけるVTuberの体験談に関するファンアートは、ノンフィクション作品とフィクション作品の双方の性質を有していると解釈することができるだろう。そして、だからこそVTuberという存在は、単にリアルでもなく、単にフィクショナルでもない性質を併せ持ったものとして鑑賞されるのである。

1　もちろん、突発的な状況が起こることも多いライブ配信を事例に扱う場合、VTuberによって咄嗟に行われた発言がすべて本人の意図に叶っているとは限らない場合も多々あるだろう。そのため、当該のライブ配信の文脈を丁寧に追う作業が不可欠であると言える。

2　清塚邦彦『フィクションの哲学』勁草書房、二〇〇九年、二頁。

3　「フィクション」の本性を解明するアプローチとしては、統語論、意味論、語用論など様々な研究の蓄積があるが、本書が特に立脚しているのは、清塚邦彦による『フィクションの哲学』第三章〜第五章、および松永伸司による『ビデオゲームの美学』第六章である。両著作においては、ジョン・サールやグレゴリー・カリー、さらにはケンダル・ウォルトンのフィクション論の要点が明快にまとめられている。本書は、「読者が一定の命題をあたかも真であるかのように想像する（make-believeする）ことを、ある複合的な仕方で意図した発言行為」（『フィクションの哲学』、一一三頁）によって生み出された所産を「フィクション」であると考えるカリーの立論や、カリーとウォルトンの立場をまとめる形で、「それによって受容者が特定の命題が真であることを想像するよう意図された（あるいは慣習的にそのようなものとして使われる）事物」（『ビデオゲームの美学』、一三二頁）として「フィクション」を特徴づける松永の議論を直接的に参照している。ただし、本書は「VTuberのフィクション性」というテーマの議論を進める準備としてさしあたり「フィクション」概念の意味を定めただけであり、本書がフィクションの哲学に対して何か積極的な立場を提示しているわけではない。

4 塗田一帆『鈴波アミを待っています』早川書房、二〇二一年、一三頁。

5 なお、自らのホームページにおいてプロフィール文を可視化していないVTuberグループの事例として、「ななしいんく」を挙げることができる。「特定のプロフィール文がない」という事態からは、「VTuber自身の活動を見てほしい」という思いの表れを見出すこともできるだろう。本節は「VTuberのプロフィール文」の性質について検討するものであるが、「VTuberのプロフィール文が掲載されていないこと」に関する積極的な意味合いを否定するものでは全くない。

6 https://www.tbs.co.jp/anime/amagami/1st/chara/chara00.html（『アマガミSS』公式ホームページより引用）（最終閲覧日：二〇二三年十一月二日）。

7 なお、長期連載ものの漫画作品などにおいては、登場人物の設定が物語の展開に合わせて変化することはよく見られる事態である。しかし、こうした設定変更はあくまで虚構世界の物語の進行に合わせて行われるものであり、後述するVTuberのプロフィール文の変更とは性質が異なるということに注意されたい。

8 鈴谷アキさんの旧公式プロフィール文はすでに「にじさんじ」の公式ホームページでは確認することができないため、プレスリリース配信サービス「PR TIMES」の記事から引用した。「iPhoneX の Animoji で簡単バーチャル YouTuber の「にじさんじ」から公式バーチャル YouTuber 8人始動！！」（https://prtimes.jp/main/html/rd/p/000000003.000030865.html）（最終閲覧日：二〇二三年十一月二日）。

9 鈴谷アキの陽だまりの庭「公式プロフィールを変えたい！【にじさんじ／鈴谷アキ】」（https://www.youtube.com/watch?v=YIRBwndkrxU）（最終閲覧日：二〇二三年十一月二日）。

10 ネットサービスなどの運営元が登録利用者に対して実施する利用停止措置ないしアクセス禁止措置を指す用語。

11 ましろ爻さんの旧公式プロフィール文はすでに「にじさんじ」の公式ホームページでは確認することができないため、「PR TIMES」の記事から引用した。「VTuber／バーチャルライバーグループ「にじさんじ」より3名が新たにデビュー！本日より始動！」（https://prtimes.jp/main/html/rd/p/000000112.000030865.html&title=VTuber）（最終閲覧日：二〇二三年十一月二日）。

12 ましろ「初配信 - はじめまして、ましろですＸＸ」（https://www.youtube.com/watch?v=MYZwBx8s8rw）（最終閲覧日：二〇二三年十一月二日）。

13 https://www.v-react.com/#artist（最終閲覧日：二〇二三年十一月二日）。

14 「ReGLOSS」とは、火威青さん、音乃瀬奏さん、一条莉々華さん、儒烏風亭らでんさん、轟はじめさん（デビュー順）の五名から構成されるグループである。

15 https://hololive.hololivepro.com/talents/juufuutei-raden/（最終閲覧日：二〇二三年十一月二日）。ただし、プロフィールに含まれている「一五九センチ」という身長や「二月四日」という誕生日は、端的に（配信者に当てはまる）真なる記述なのか、あるいはフィクショナルに真なる記述なのか、鑑賞者からは判断することができない。他にも、例えば「ホロライブEnglish」の三期生「Advent」には「Fuwawa Abssgard（フワワ・アビスガード）」と「Mococo Abyssgard（モココ・アビスガード）」という双子のVTuberがいるが、それぞれの配信者同士が実際に双子であるかどうかは鑑賞者の側から確認することはできない（また、それを確認することは、「フワモコ」を鑑賞する際に必要なことですらない）。

16 Raden Ch. 儒烏風亭らでん - ReGLOSS「【雑談】とりあえず晩酌しながらゆったり話しましょうや【儒烏風亭らでん #ReGLOSS】」(https://www.youtube.com/watch?v=jOYEGzXn9w)（最終閲覧日：二〇二三年十一月二日）の三十八分五十八秒以降を参照されたい。

17 プロフィール文全体の中で「真」なる言明が部分的に含まれているVTuberの数は、おそらく相当の数に上るだろう。VTuberのプロフィール文の多くは、部分的に「真」であったり、部分的に「フィクショナルに真」であったりするような形で、複合的な性質を示していると言える。もちろん、その中には「真」（実際の活動内容と符合している）であるのか、それとも「フィクショナルに真」（ある特定の命題をあたかも真であるかのように鑑賞者に想像させるものとして描写されている）であるのか判断のつきづらいものも少なからず織り込まれていることだろう。

18 https://www.nijisanji.jp/talents/l/mito-tsukino（最終閲覧日：二〇二三年十一月二日）。

19 新八角「月ノ美兎は水を飲む」『ユリイカ　特集＊バーチャルYouTuber』青土社、七月号、九三頁。

20 皇牙サキ「「声」という商品のパッケージとしてのVTuber」『ユリイカ　特集＊バーチャルYouTuber』青土社、七月号、六五頁。

21 https://hololivepro.com/talents/takanashi-kiara/（最終閲覧日：二〇二三年十一月二日）。

22 次の動画の三分三十二秒以降を参照されたい。AZKi Channel「【GeoGuessr】Travelling Austria with Kiara!【ホロライブ／AZKi／小鳥遊キアラ】」(https://www.youtube.com/watch?v=95pxNOdoR38)（最終閲覧日：二〇二三年十一月二日）。

23 富山豊「人格（ペルソナ）としてのVTuber」『VTuber学』、岩波書店、近刊。

24 このとき、「小鳥遊キアラ」という存在自体がフィクショナルであるわけではなく、小鳥遊キアラさん自体は実在の行為主体であるということには注意されたい。「小鳥遊キアラは不死鳥である」と言われるときの「不死鳥」という性質がフィクショナルなのである。

25 https://www.nijisanji.jp/talents/l/rin-shizuka（最終閲覧日：二〇二三年十一月二日）。

26 Shizuka Rin Official「雑談｜ワァ……5…年…【静凛／にじさんじ】」(https://www.youtube.com/watch?v=j_DZrCYjjIE)（最終閲覧日：二〇二三年十一月二日）における七分二十秒からの箇所を参照されたい。

27 月ノ美兎「新年なのでいまから時空を歪めます」(https://www.youtube.com/watch?v=zoV6i4VylzI)（最終閲覧日：二〇二三年十一月二日）の三分〇秒頃以降を参照されたい。

28 これと反対に、活動が続く中で、実際にVTuberの年齢も加算していくようなVTuberの事例もにじさんじには存在する。例えば、加賀美ハヤトさん、社築さん、夢追翔さん、相羽ういはさんなどがその事例である。ホロライブプロダクションで言えば、夕刻ロベルさんも年齢が加算していくVTuberである。なお、現在順次年齢を重ねている家長むぎさんは、活動一年目の誕生日の際に一度だけ「十五歳→十五歳」と加齢していなかったことがあり、「サザエさん時空」と現実の時間軸がハイブリッドされた興味深い事例であると言えるだろう。

29 反対に、プロフィール文に込められた部分的なフィクション性が配信者の活動実態と著しく乖離し、前者による想像力の指定がほとんど機能を発揮しないような事例も珍しくはないであろう。こうした点に関しては1．2にて前述。

30 https://www.nijisanji.jp/talents/l/sango-suo（最終閲覧日：二〇二三年十一月二日）。

31 七次元生徒会「周央サンゴVSレオス・ヴィンセント「美味しいのはグミor輪ゴム」激しいディベート対決!? 一年生の熱い衝突!!—『七次元生徒会』」（https://www.youtube.com/watch?v=7QdFZSQcVcI）（最終閲覧日：二〇二三年十一月二日）。

32 https://www.nijisanji.jp/talents/l/leos-vincent（最終閲覧日：二〇二三年十一月二日）。

33 https://www.nijisanji.jp/talents/l/sister-claire（最終閲覧日：二〇二三年十一月二日）。

34 シスター・クレア -SisterClaire-「【哲学かもしれない】存在意義について考える。【にじさんじ／シスター・クレア】」（https://www.youtube.com/watch?v=zXFWPI9z9sc）（最終閲覧日：二〇二三年十一月二日）。こちらの動画の十四分十八秒から十五分三十八秒を参照されたい。また、シスター・クレアさんは、デビュー初期の「X」（旧Twitter）への投稿の中で、「私はシスターですが、1つの神に仕えるというわけではないのです」と明言している（https://twitter.com/SisterCleaire/status/1006532412493484033）（最終閲覧日：二〇二三年十一月二日）。さらに、「よく聞かれるのですが、わたしが信じる教えはバーチャル界でのみ信仰されている教えで、現実世界には存在しないそうです。どんな教えも受け入れる、大きな海のような教えです」と明言していることも併せて指摘されるべきであろう（https://twitter.com/SisterCleaire/status/1018109572567822337）（最終閲覧日：二〇二三年十一月二日）。

35 シスター・クレア -SisterClaire-「【哲学かもしれない】存在意義について考える。【にじさんじ／シスター・クレア】」(https://www.youtube.com/watch?v=zXFWPl9z9sc)（最終閲覧日：二〇二三年十一月二日）。こちらの動画の十五分二十一秒から十五分十七秒を参照されたい。

36 J・L・オースティン著、飯野勝己訳『言語と行為――いかにして言葉でものごとを行うか』講談社、二〇一九年、二一頁。

37 「話し手自身を一定の行動へと拘束する」（J・L・オースティン著、飯野勝己訳『言語と行為――いかにして言葉でものごとを行うか』講談社、二〇一九年、二四四頁）ことを本質とするような遂行的発話。

38 Lamy Ch. 雪花ラミィ「【#雪花ラミィ生誕ライブ】ゲストいっぱい！誕生日LIVE【雪花ラミィ／ホロライブ】」(https://www.youtube.com/watch?v=hEkHj1WZekU)（最終閲覧日：二〇二三年十一月二日）。

39 レグルシュ・ライオンハート Reglush Lionheart「【#レグライブ初配信】は、はじめまして…レグルシュ・ライオンハートです…！【新人Vtuber】」(https://www.youtube.com/watch?v=I6fRQT2SIkA)（最終閲覧日：二〇二三年十一月二日）。

40 Koyori ch. 博衣こより - holoX -「【初配信】スタートまでにTwitterの凍結は溶けるのか！？RTA開始！ふぁいっ！【博衣こより／ホロライブ】」(https://www.youtube.com/watch?v=r3Ba-2Y5HDY)（最終閲覧日：二〇二三年十一月二日）。

41 或世イヌ／Aruse Inu「【初配信】正直、ビビってる【或世イヌ／Neo-Porte】」(https://www.youtube.com/watch?v=YPK3wQTrDqE)（最終閲覧日：二〇二三年十一月二日）。

42 花芽なずな／Nazuna Kaga「VTuberアニメーション「0.2秒の物語」」(https://www.youtube.

com/watch?v=z6yUaTOKf8k)（最終閲覧日：二〇二三年十一月二日）。なお、後述するように、「ぶいすぽっ！」とは「Lupinus Virtual Games」、「Iris Black Games」、「Cattleya Regina Games」の三グループの統合に際して二〇二〇年七月七日に付けられた名称であり、この動画の時点ではまだ「ぶいすぽっ！」というグループ名ではなかったことに注意されたい。

43 なお、二〇二三年二月一日には「ななしいんく」から移籍した「小森めと」が、そして二〇二三年六月一八日にはフリーランスで活動していた「濃いめのあかりん」が「夢野あかり」という名前に改名した上で「ぶいすぽっ！」への加入を果たしている。また、二〇二三年十一月二十四日には「夜乃くろむ」がデビューを果たした。

44 ぶいすぽっ！【公式】「ぶいすぽっ！オリジナル曲『for Victory!』アニメーションMV【short ver.】」(https://www.youtube.com/watch?v=gQMQvO78Ujg)（最終閲覧日：二〇二三年十一月二日）。

45 ぶいすぽっ！【公式】「ぶいすぽっ！新ロゴアニメーションPV」(https://www.youtube.com/watch?v=t89Uc5Lamck)（最終閲覧日：二〇二三年十一月二日）。

46 例えばイブラヒムさんのチャンネルにおいては、イブラヒムさんにこれまで起こった出来事を美麗な映像で描いたアニメーション作品が公開されている（イブラヒム【にじさんじ】「イブラヒム3周年記念アニメ -Ibrahim 3rd Anniversary Animation-」(https://www.youtube.com/watch?v=oSoy1wP1Vpg)（最終閲覧日：二〇二三年十一月二日）。また、「ホロライブプロダクション」を運営するカバー株式会社は、「ホロライブ」所属のVTuberたちを主人公にしたメディアミックス企画「ホロライブオルタナティブ」の1stティザーPV（hololive ホロライブ - VTuber Group「『ホロライブ・オルタナティブ』ティザーPV（Fullver)」(https://www.youtube.

com/watch?v=3RxlzJWWzdY)（最終閲覧日：二〇二三年十一月二日）および2ndティザーPV(hololive ホロライブ - VTuber Group「『ホロライブ・オルタナティブ』2ndティザーPV」(https://www.youtube.com/watch?v=fRsjv-JKyf8)（最終閲覧日：二〇二三年十一月二日）を公開しているのみならず、「ホロライブ」においては「ホログら」、そして「ホロスターズ」においては「スタこれ」という短編アニメを公開している。このように、「非還元タイプ」のVTuberをフィクション化することで本人たちの魅力を高めるという手法は、数多くのVTuber事務所において実践されていると言えるだろう。

47 sakuya azusaCh. 咲夜あずさ／めるれっと「【オリジナル曲】拝啓、主殿！／咲夜あずさ」(https://www.youtube.com/watch?v=6PyMUZMquPw)（最終閲覧日：二〇二三年十一月二日）。

48 他にも、映像表現ではなく音声だけでこうした企画を実現するものとしては、「ボイスドラマ」や「シチュエーションボイス」の類いを実例として挙げることができる。これらの作品からは、VTuber本人が（フィクション化された）自分自身を演じるという構造を見出すことができるだろう。こうしたグッズを販売するVTuber事務所は、それこそ枚挙にいとまがない。

49 それぞれ、健屋花那さんは「鳳凰火凜」役を、シスター・クレアさんは「瀬戸海月」役を、そして星川サラさんは「大賀ルキア」役を担当している。

50 尾丸ポルカさんは「ターニア」役を、白上フブキさんは「モニカ」役を、そして白銀ノエルさんは「ヴァネッサ」役を担当している。

51 例えば二〇〇五年四月から「ドラえもん」の声優を担当しているのは「水田わさび」であるが、「水田わさび」が何らかの虚構的存在者の声優を演じる際に、「ドラえもん」という役名がクレジットされることはないであろう。

52 「2434 システム」についての情報がまとまったページとして、詳しくは「にじさんじ非公式wiki」のこちらのページを参照されたい（https://wikiwiki.jp/nijisanji/%E3%81%8A%E3%81%81%AA%E3%81%88%E3%81%A9%E3%81%97/2434system）（最終閲覧日：二〇二三年十一月二日）。

53 鈴木勝の旧 Channel【にじさんじ】「【初配信】Episode1「邂逅」【鈴木勝／にじさんじ】」(https://www.youtube.com/watch?v=ycOOa5h0tQs)（最終閲覧日：二〇二三年十一月二日）。

54 この点について、例えば次の記事を参考にされたい。「にじさんじ黛灰が配信活動復帰　進路を決めたのは Twitter のユーザーアンケート？」(https://www.moguravr.com/vtuber-mayuzumi-kai-4/)（最終閲覧日：二〇二三年十一月二日）。

55 この点について、例えば次の記事を参考にされたい。「特集：物語化する VTuber ① にじさんじ SEEDs「ＯＤ組」が紡ぐ〝劇場型青春〟」(https://www.moguravr.com/story-style-vtuber-1/)（最終閲覧日：二〇二三年十一月二日）。

56 また、二〇二三年六月十五日から、株式会社アップランドよりデビューした VTuber グループ「Cafe ぶいぱい」の取り組みも注目すべきものである。「Cafe ぶいぱい」は甘噛（あまがみ）あめさん、十六夜ちはやさん、鬼頭みさきさん、紅蓮罰（ぐれんばつ）まるさん、斜落せつなさん、秘間慈（ひまじ）ぱねさんの六人から構成されるのだが、彼女たちは（フィクションの物語の中で）殺人事件の容疑者であり、彼女らの配信活動が進むにつれて、少しずつその事件の真相が明らかにされるという提示がなされている。このように、デビュー時のコンセプトのレベルにおいて物語が展開されているのは非常に興味深い試みであると言える。

57 確かに、例えば関西に住んでいたころの話を「ＶＲ関西」（樋口楓さん）といった形で表現する

VTuberも存在する。これは、「現実世界で起こった出来事ではなく、あくまでバーチャル空間において起こったこと」という形で、自らの体験談をある種の形でフィクション化している提示であると言えるだろう（こうした提示をする必要性は、VTuber文化の初期であるほど強かったかもしれない）。だが、提示のレベルでフィクション化されているとしても、明らかに現実の大阪での体験談が語りだされている。このように、（「バーチャル〇〇」という形で）現実世界の体験談とフィクション性が混交した語りが見出されるのは事実であるが、そこにおいては実質的に現実世界の体験談が語りだされていると解釈するのが妥当であろう。また、実質的には現実世界の体験談が語られているとしても、「バーチャル〇〇」という形で（VTuberのプロフィールに関する）鑑賞者の想像を阻害しないようにしているという工夫は美学の観点からみて重要である。

58 なお、実際の配信活動においては、配信者が自らの身元を特定されることを避けるために意図的に虚偽の情報を混ぜることが往々にしてあるだろうが、本章においてはそうした「虚偽事例」は扱わず、配信者が実際に起こった現実世界における体験談をそのまま鑑賞者に話している事例のみを扱う。

59 HAACHAMA Ch 赤井はあと「はあちゃまの本音【ホロライブ／はあちゃま】」(https://www.youtube.com/watch?v=7J6bL0kCtqc)（最終閲覧日：二〇二三年十一月二日）。なお、「はあちゃまさ、今年からさ、大学生になったんだよ！」という発言は、当該の動画の四十五分四十五秒頃から確認できる。

60 なお、自らが「多摩美術大学」を卒業したことを告白した届木ウカさんの事例も視聴者に大きな衝撃を与えたと言えるだろう。届木ウカ Todoki Uka Channel「〇〇を卒業します【Vtuber／届木ウカ】」(https://www.youtube.com/watch?v=_5Y2sRUWpNI)（最終閲覧日：二〇二三年十一月二日)。

61 HAACHAMA Ch 赤井はあと「【6/20】すーぱー朝らじっ！#3」(https://www.youtube.com/watch?v=QD-vAAsVH0M)(最終閲覧日：二〇二三年十一月二日)における四分三十秒以降の箇所を参照されたい。

62 こうした議論は、「物理世界と地続きの空間に彼らは生きているのだ、という確かな実感をファンたちは抱くだろう」(八七頁)という仕方で「物理世界と重なるバーチャル」について論じた泉信行の「実質的現実(バーチャル・リアリティ)」論(泉信行「にじさんじ公式ライバーたちの実質的現実(バーチャルライブ)」『ユリイカ 特集＊バーチャルYouTuber』青土社、七月号、七九〜九一頁)と重なるものかもしれない。現に泉は、にじさんじのVTuberたちが(日常的な出来事についての語りやオフコラボなどを通して)「人間らしい現実感」(八九頁)を獲得する様子を詳細に記述している。こうした「現実感」や「実在感」は、本書の整理によれば、VTuberが体験した制度的事実が(私たちと同じ世界を生きる)配信者の体験談に基づいていることによって獲得されるものである。

63 ただし、殊に「誹謗中傷問題」を考えるならば、「VTuber＝配信者」の図式を取る配信者説が最も単純な仕方でその問題点を告発できるという点は指摘されるべきであろう。

64 なお、こうしたキズナアイさんの活動方針には、「Activ8株式会社」の意向が反映されていたという点も当然指摘されねばならない。

65 例えば、全体で六時間を超える次のライブ配信の中で、キズナアイさんは水を飲んだりトイレに行ったりはせず、その代わりに二度の休憩時間を確保している。A.I.Channel「主催大会で恥をかかないための練習【#FallAIs】」(https://www.youtube.com/watch?v=0j6nc7OpARI)(最終閲覧日：二〇二三年十一月二日）の二時間六分十九秒以降と、四時間十分五十三秒以降を参照されたい。

66 A.I.Channel「【悲劇】制御不能の巨大ＡＩがみんなの街を破壊する・・・」(https://www.youtube.com/watch?v=quTITLfE314)（最終閲覧日：二〇二三年十一月二日）。なお、この動画に対して興味深い解釈を行っているのが泉信行である。「キズナアイは、ＶＲ空間ではなく「人間の世界」で実体化する動画を一八年五月に投稿する。それは怪獣映画のように巨大化して都市を破壊してしまうというシロモノで、結局は夢オチに終わり、実体を持つ必要なんてない、「バーチャル空間でがんばろう」と結ばれる。それは「ＶＲの外側に生きる後進のVTuber」たちに対する「ＶＲ空間を守る元祖VTuber」としての矜持を感じさせる動画でもあったのだ」（泉信行「にじさんじ公式ライバーたちの実質的現実（バーチャルライブ）」『ユリイカ　特集＊バーチャルYouTuber』青土社、七月号、八八頁）。

67 こうしたVTuberの活動の在り方の歴史的変化に対して、非常に興味深い見解を示しているのが剣持刀也さんである。「そうです、今やみなさまがこのバーチャルな世界に来るだけの時代は終わり、我々がそちら側に遊びに行く時代になったという話でございます」（剣持刀也「にじさんじのデスゲーム【NIJIDERO】」(https://www.youtube.com/watch?v=FupqygeIUrk)（最終閲覧日：二〇二三年十一月二日）の一時間三十三分〇秒頃〜を参照されたい）。

68 泉信行、同上。

69 泉信行、同上。

70 もちろん、キズナアイさんが今日のVTuberたちと比べて「シームレスな経験の移行」を行わなかったとしても、そのことでもって彼女に当事者性や唯一性がなかったということには全くならない。

71 なお、にじさんじにおいてはVTuberが現実世界の配信者の身体を配信で露出する行為はNGであり、徹底的に配信者の身体が映らない工夫がなされている（例えば月ノ美兎さんはマジックハンドでマネキンを相手にした化粧を行っている。月ノ美兎「初・お化粧の動画！月ノ美兎の休日メイク」(https://www.youtube.com/watch?v=DYuLHyMq2H0&t=373s)（最終閲覧日：二〇二三年十一月二日））。ただし、にじさんじENにおいては、ゴム手袋などをして肌を露出させなければ手元を出してもいいというルールになっている。例えば「HANDCAM COOKING w/Vox Akuma (Judging)」においては、Mysta Rias（ミスタ・リアス）さんとVox Akuma（ヴォックス・アクマ）さんの二人が手元を見せながら料理配信を行っている（Mysta Rias【NIJISANJI EN】「HANDCAM COOKING w/Vox Akuma (Judging)」(https://www.youtube.com/watch?v=V-I0OEpIDtU)（最終閲覧日：二〇二三年十一月二日））。こうした慣例の違いが言語圏によって分かれているのは非常に興味深いと言えるだろう。

72 もちろん、たとえ手元が映っていなかったとしても、例えば大学のキャンパスを背景に「大学に来ました！」という「赤井はあと」の配信者の声が入っているだけでも、その映像は「赤井はあとが大学に訪れた」映像としてシームレスに鑑賞されることだろう。もっとも、VTuberは、自らが連動する配信者の身元が特定されるような状況は基本的に出さないのが通例であるため、こうした事例が実際には起こりえない架空のものであることは理解されたい。

73 一例として、次の動画を参照されたい。HAACHAMA Ch 赤井はあと「ダークマター料理、卒業します。【はあちゃまクッキング・改】」(https://www.youtube.com/watch?v=NKWTg2WKvLY&list=PLQoA24ikdy_ku78UFuhn6T3lFsA9n4l_b&index=6)（最終閲覧日：二〇二三年十一

月二日)。

74　VTuber文化における二次創作の一次創作化という論点に関しては、本書第五章第二節にて後述。

第四章　VTuberの表象の二次元／三次元性

本書においては、まず第一章においてVTuberの類型を三つに分け、本書が対象とするVTuberを制度的存在者説の観点から論じる視座（およびVTuberのアイデンティティ論）を提示した。第二章においては、「身体的アイデンティティの不在」という事態を取り上げ、可能態および現実態という観点からこの事態を解釈するための枠組みを示した。第三章においては、VTuberのフィクション性に関する問題について論じた。そして本章においては、VTuberの表象を「二次元性」および「三次元性」という観点から分析することを試みる。

二〇二三年一月二十日、アーティストの一発撮りのレコーディングを配信する企画「THE FIRST TAKE」にVTuberの星街すいせいさんが出演したことで大きな話題になった[1]。すでにVTuberは、現実のタレントやアーティストなどに肉薄する仕方で現実世界における活躍の場を見出している。だが、VTuber文化が社会的な広がりを示している一方で、VTuber文化に馴染みのない人たちによって、現在活躍しているVTuberたちが拙速に（いわゆるアニメ的なフィクションとしての）「二次元キャラクター」として理解されてしまう傾向はいまだに見出されると言える。例えば、二〇二二年七月三十日のインタビュー記事の中で、VTuberの樋口楓さんは「これまでの活動のなかで一番大変だったことは何ですか？」という質問に対し、「2次元キャラクターとして捉えられていたことです」と答えている。[2] また、周央サンゴさんは「志摩スペイン村[3]」とのコラボで大きな話題になったVTuberであるが、一部報道機関によって「架空のキャラクター」、「仮想キャラクター」などと紹介されたことが物議をかもした。私たちはVTuber文化（およびそこでクリエイティブな活動に従事するVTuberたち）を適切に理解するときに、「二次元キャラクター」という通俗的な概念をそのまま用いることはできない。しかし問題を複雑にしているのは、そもそもVTuberには「二次元」的な性質と「三次元」的な性質の双方が見出されるということである。

> えーっと……うーん、見えてますか？　聞こえてるかな？　はじめまして！　私の名前はキズナ・アイです。どうぞよろしくお願いします。普通のYouTuberと違うぞと思ったそこのあなた！　なかなか鋭い。私、実は……二次元なんです！　あれ？　３Ｄ　だから……三次元？　んー、まぁ……とりあえず、「バーチャル」ってことで！[4]

今日のVTuber文化の草分け的存在、キズナアイさんが述べるように、VTuberはある側面において「二次元」的な存在者であり、また別の側面においては「三次元」的な存在者である。[5]しかし、それではVTuberとは、どのような意味で二次元／三次元的な身体を有し、どのような意味で二次元／三次元的な空間に位置づけられるのであろうか？　言い換えれば、VTuberとはいかなる意味で二次元／三次元的な存在者なのだろうか？　本章はこうした問いに答えることを通して、VTuberの表象を理解するための枠組みを提示することを試みる。

本章の構成は以下である。まず第一節において、私たちは次の三つの観点からVTuberの存在する画面の記号を概念的に分節する。すなわち、画面を構成する記号が①「何によって(by what)」、②「何を(what)」、③「いかにして(how)」映し出しているのかという三つの観点である。これは美術史の様式論における伝統的なアプローチであるが、はるかに遡るのであれば、そもそも『詩学』においてアリストテレスが詩作術を分析する際に用いた三つの区分でもある。[6]この三つの要素をそれぞれ①「表象媒体」、②「表象内容」、③「表象様式」、という仕方で呼び分け、この三つの水準を明確に区別しながらVTuberを表示する画面を分析するための枠組みを提示するのが第一節の役割である。

続けて第二節において、私たちは次の二つの観点を提出することで、VTuberの二次元／三次元的な性質を検討する。一つが（A）身体の二次元／三次元性であり、もう一つが（B）空間の二次元／三次元性である。[7]前者は「VTuber自身が二次元的か三次元的か」を検討する観点であり、後者は「VTuberが存在する空間自体が二次元的か三次元的か」を検討する観点である。身体の二次元／三次元性は、さらに三つ（「図像」・「挙動」・「移動」）の観点から分析され、空間の二次元／三次元性は、それぞれ「フィクショナルな原理」および「バーチャルな原理」を軸に分析がなされる。[8]

最後に第三節においては、「フィクショナルな空間」（およびそこでフィクショナルな行為を行うVTuberの配信実践）をより詳細に分析するべく、VTuberの「ゲーム実況」[9]の事例を集中的に検討する。数あるVTuberの配信コンテンツの中でも、なぜ本章においてゲーム実況を主題的に扱うのか。それは、「フィクショナルな原理」（後述する「メイクビリーブ」の実践）によって、VTuberの存在する空間性がより多層的なものになるという配信実践（および観賞実践）を捉えることができるからである。実際のところ、VTuberが存在するフィクショナルな空間を分析するためには、フィクショナルな空間を生み出すメイクビリーブの多層性そのものを第三節においてより詳細に分析する必要がある。こうした多層的なメイクビリーブの実践を通して、VTuberは表象内容としてフィクショナルに三次元的な存在者にもなりうるのである。[10]この三次元性は（実際にバーチャルな三次元空間を動き回る事例とは異なり）あくまでフィクショナルにのみ成立するものであるが、あたかもVTuberがビデオゲームの世界に入り込んでいるかのように見させる立体的なゲーム実況上の演出によって、VTuberの観賞実践そのものが多層化される諸相を私たちはつかみ取ることができるだろう。

第一節　二次元／三次元の多層性——表象媒体・表象内容・表象様式

1．1　「表象媒体」における二次元／三次元

まず検討したいのは、「表象媒体」における二次元／三次元の対である。表象媒体とは文字通り「表象」を行う「媒体」であるが、ここで「表象」と「媒体」の語が指す内実を説明する必要があるだろう。

本章においては、「表象（representation）」という語を「あるAによって別のBが表される働き」という意味で用いる。例えば、「犬」という言葉は、あの四本足で駆け回る（「犬」と呼ばれる）生き物を「表象」しているし、写真に写ったキズナアイさんの画像は、「キズナアイ」という存在を「表象」していると言える。この意味で言えば、私たちの社会においては、ありとあらゆるところに「表象」の機能が遍在していると言える。例えば信号機の青色は「注意して進むことができる」という事態を表象しているし、天気予報の雨マークは「雨が降る」という内容を表象しているのである。

「媒体（medium）」の概念は「AとBを媒介するもの」という一般的な意味合いを指している。例えば映画のスクリーン、音楽を再生するスピーカー、本のページなどの「メディア」は、媒体の上で展開されている出来事（ないし情報）（A）と媒体の手前にいる視聴者（B）を媒

介する。いずれもVTuberのコンテンツが展開される際に欠かせない媒体であるが、本章において特に想定されているのはパソコンとスマートフォンのディスプレイ、そしてヘッドマウントディスプレイである。画面の平面性に関する観点から、本章は「媒体のレベルで二次元的」という言い回しを用いる。

このように、二つの概念の意味内実を確認したところで、私たちは「表象媒体」概念の定義を説明することができる。すなわち表象媒体とは、何らかの対象を表象する記号を表示する媒体（言い換えれば、それによって表象を実現する当のもの）を指す概念である。例えば私たちはVTuberの動画をパソコンのモニターで観ることもできるし、スマートフォンで観ることもできる。また、場合によってはヘッドマウントディスプレイでVTuberのコンテンツを観ることもあるだろう。いずれにせよ、視聴されている動画コンテンツが同一であったとしても、それを観るための表象媒体が異なっている。[11] そして、パソコンやスマートフォンの画面に映るVTuberは、まず表象媒体のレベルで二次元的なのである。なぜなら、パソコンやスマートフォンという表象媒体自体が二次元的（すなわち平面的）なディスプレイにおいてVTuberたちを表示するからである。

1．2　「表象内容」における二次元／三次元

「表象媒体」の二次元性の次に私たちが確認する必要があるのは、「表象内容」の議論である。

ある特定の記号が何らかの内容を指し示しているとき、私たちはその記号の姿・形自体に専ら関心を向けるわけではない。そうではなく、その記号が表象する内容自体に私たちの意識は向かうのである。例えば画面に立方体のイラストが描かれている場面を想像してみてほしい。実際のところ、そこに描き込まれているのはある特定の仕方で配置された九本の直線に過ぎない。だが、私たちはそれを「単なる九本の直線」としてではなく、「一つの立方体」として認識する。このとき、画面（表象媒体）がいかに平面的であったとしても、そこに描かれている対象（表象内容）としては立体的なのである。

表象内容は、それ自体として二次元的でありうることも三次元的でありうることもある。とはいえ、定義上二次元的な表象内容はそう多くはないかもしれない。例えば「犬」という語が示す表象内容は三次元的であり、「紙」という語が示す表象内容は二次元的であるように思われる。だが、厳密に述べるのであれば「紙」もある程度「厚み」を有する存在であり、その意味では（極めて平面的に見える）三次元的な存在であると言えるだろう。定義上二次元的である表象内容は、幾何学的なレベルにおいてしか存在しないかもしれない。

おそらく表象内容のレベルにおいては、ほとんどすべてのVTuberが三次元的である。[12] 画面に映し出されたその姿は、決して「体の厚み」のない二次元的な存在者を表象しているわけではないからだ。VTuberではないが、例えば定義上二次元的な存在として表象される存在者の例としては、任天堂のビデオゲームキャラクターである「Mr.ゲーム&ウォッチ」が挙げられるかもしれない。だが、こうした「Mr.ゲーム&ウォッチ」のようなコンセプトで生み出されたVTuberでもない限り、表象内容のレベルにおいて二次元的な存在者を想定する必要はさしあたりないだろう。したがって、私たちは次のように言うことができる。すなわち、画面の中に映るVTuberは、表象媒体のレベルにおいては基本的に二次元的であるが、表象内容のレベルにおいては基本的に三次元的である、と。

1．3　「表象様式」における二次元／三次元の問い

ここまで、本章の冒頭で示した①「何によって(by what)」、②「何を(what)」、③「いかにして(how)」という三つの要素のうち、①と②について論じてきた。1．3においては、残る要素の③「いかにして」、すなわち「表象様式」について検討しなければならない。

例えば、にじさんじの「#SEEDs24」の事例について考えてみたい。こちらの事例においては、二〇二二年六月十一日から十二日にかけて、「元にじさんじSEEDs一期生」(以下、「元SEEDs一期生」と表記)[13]の各チャンネルにおいて様々な企画が行われた。この二日間においては、「2Dモデル」の姿で一同が登場する「【#SEEDs24】はじめてのおつかい～皆でカレーの材料を集めよう～【鈴木勝／にじさんじ】[14]」といった企画や、それぞれのメンバーが「3Dモデル」の姿で楽曲を披露する「【#SEEDs24】Special LIVE～ゴールデンボンバー祭り～【にじさんじ緑仙[15]】」といった企画が精力的に行われた。前者の動画においては、元SEEDs

一期生の九名が昭和レトロなブラウン管テレビの本体を模した配信画面を共に鑑賞するというスタイルを取るのであるが、このとき、元SEEDs一期生の九名は、テレビ本体の下部（テレビ画面の下枠）において横並びになっている形である。だが、こうしたスタイルとは打って異なり、後者の動画においては、元SEEDs一期生のメンバーが非常に躍動的な形でダンスや楽曲演奏を披露するという内容になっている。

これら二つの動画は、明らかに動画コンテンツの種類としても異なり、またそれに応じて鑑賞者の体験も変化するものである。だが、もしも私たちが「表象媒体」と「表象内容」という二つの視座しか持たなかった場合、こちらの二つの企画の特徴を質的に区別することができなくなってしまう。なぜなら、ここで言及した二つの事例は、どちらも「表象媒体のレベルにおいては二次元的であり、かつ表象内容のレベルにおいては三次元的である」と分析される動画だからである。

だが、この二つの事例においては「表象様式」、すなわち「表象内容を表象するために用いられる技法・技術」が全く異なると言わざるを得ない[16]。例えば2Dモデルと3Dモデルという表象様式の違いは、「VTuberたちがどのような行為を遂行することができるのか」という行為可能性の議論や、「鑑賞者がVTuberの存在する空間性をどのように受容しているのか」という鑑賞実践の議論にまで射程が及んでいるのである。こうした議論を行うために、私たちは「いかにして表象するのか」という「表象様式」の水準を議論の中に導入する必要があると言えるだろう。

第二節　「表象様式」の多層性――図像・挙動・移動における「二次元／三次元」

前節において私たちは、VTuberの存在する画面の記号の内実を概念的に分節するために、「表象媒体」、「表象内容」、「表象様式」という三つの区別を導入した。本節から私たちは、(A)身体性の二次元／三次元および(B)空間性の二次元／三次元という二つの観点を導入しつつ、VTuberの二次元／三次元的な性質を検討することを試みる。このうち、(A)においてはさらに「図像」・「挙動」・「移動」という三つの水準が区別され、(B)においては「フィクショナルな原理」および「バーチャルな原理」という二つの要素が導入されることになる。

2.1　表象様式における「図像」の二次元性／三次元性

まず検討したいのは、表象様式における「図像」の二次元性および三次元性である。2.1においては、立体的に書かれている人間と、デフォルメされて描かれた平面的な造形の対象との間に大きな違いが見出されるという点について確認する。

例えば次の事例を見ていただきたい。「刀ピー」とは剣持刀也さんと「ピーナッツくん」から構成される有名なユニットであるが、この二人が並んだとき、そこには明らかに図像の質感のレベルで違いが見出される。[17] 二人は確かに、表象媒体のレベルにおいては共に二次元的な存在である。だが、背中に竹刀入れを掛ける制服姿の剣持刀也さんは「極力細く引かれた描線」と「自然主義的な明暗の彩色」で象徴される比較的複雑な質感で図像されている一方で、「ピーナッツくん」は「太く均一な線」と「フラットな彩色」に象徴される単調な質感で図像されている。例えば剣持刀也さんの顔の下を見てみると、その顔と首の段差にははっきりとした影が表現されている。そこから制服や竹刀入れに視線を移すと、そこには布の皺によってもたらされる繊細な陰影や、光の反射が複雑に表現されている様子も確認することができるだろう。こうした明暗の図像を通して、描写される対象に立体的な奥行きが持たせられている。他方、「ピーナッツくん」の姿は自然主義的に図像されているわけではなく、平面的な線と色の組み合わせで表現されている。また、「ピーナッツくん」の身体にも陰影は存在しているが、顔の上にあるはずの段差や凹みと一致していないフラットな陰影であり、立体的な奥行きが打ち消されている様子を確認することができるだろう。

このように私たちは、「立体的な図像」と「平面的な図像」という比較的はっきりとした質的な違いを両者の間に確認することができる。こうした差異を念頭に置きつつ、前者を「三次元的」、後者を「二次元的」と見なすような鑑賞経験を拾うための枠組みを用意することは、決して無意味なことではないであろう。[18]

2．2 表象様式における「挙動」の二次元／三次元とその空間性

さて、続けて検討したいのは表象様式における「挙動」の二次元／三次元の対である。

2．2（A）「挙動」が二次元／三次元的であるとはどういうことか

ここで念頭に置いているのは、一般に「2Dモデル」と「3Dモデル」という呼ばれ方をしているモデルの性質の違いである。確かに、このモデルの違いはそのまま2．1において検討したような図像の違いももたらすかもしれない。だが、ここで検討したいのはグラデーション状の差異ではなく、ある基準を導入することではっきりと区別可能であるような差異である。それは「制限されることなく奥行きのある挙動を実現可能か否か」という基準である。[19]ここで想定しているのは、例えば髪の毛の揺れ具合や服の皺が立体的に見えるという「図像」のレベルの違いではない。もしもそうしたレベルの立体感という話であれば、例えば「Re:AcT」の天川はのさんの2Dモデルは、極めて立体感のある繊細なモデルの事例として取り上げることができるだろう。[20]2．2においてはそうではなく、実際にVTuberがZ軸の方向に（制限されることなく）何らかのアクションを起こすことができるか否かというレベルを念頭に置いている。

例えばにじさんじ所属の夜見れなさんは2Dモデルのみならず、3Dモデルの姿で配信を行

うこともあるのだが、3Dモデルの場合、腕を伸ばしてハンドルに手を置くという挙動を行うことができる。[21] また、ななしいんく所属の日ノ隈らんさんは、3Dモデルの姿で「5周年記念[22]」配信を行っている。こうした動きは、身体的な連動を伴った形では、2Dモデルの姿で通常自由に行うことができない。[23] 2Dモデルにおいて基本的に可能な挙動は、多くの場合体を左右に振ったり、まばたきをしたりというX軸とY軸によって表現されるような二次元的な挙動であり、Z軸の方向に対する挙動は大きく制限されているのが（今日の時点においては）通例である。こうした状況に対して、身体的連動を伴ったZ軸の挙動の可能性を全体的に解放することができるからこそ、3Dモデルの実装は単なる図像の質感に留まらない差異性を生み出すことができるのだ。

また、表象様式のレベルを三つに区分した際に、「挙動」と「移動」の二つを分けるのには理由がある。なぜなら、前述した例において、3Dモデルを有したVTuberはZ軸の方向に腕を伸ばしたり上半身をのけぞらせたりするという「挙動」はできるのだが、他方で、そうした身体を有したVTuberであってなお、モーションキャプチャーを通して自分の足で空間を「歩く」（すなわち「移動」する）という行為ができない（言い換えれば、フルトラッキングや体軸ごとの前後左右移動が可能な環境であっても、3Dモデルと座標的に同期された三次元空間とセットでなければ「空間を移動した」とは言えない）からである。[24] そのため、2．3においては表象様式における「移動」の主題について論じることにするが、その前に、2．2においては続けて、VTuberが挙動を行う空間として「フィクショナルな空間」が生成される場面について論じることにしたい。

2．2（B）VTuberが挙動を行う空間――フィクショナルな原理の視座から

2．2において論じているVTuberは、二次元／三次元的な「挙動」を行う存在であり、三次元的な「移動」を行う身体性は想定されていない。2．2（B）においては、そうしたVTuberたちが存在する空間性について検討することにしたい。

この議論を行うために、まずはVTuber文化において「部屋」（ないし「お部屋」）と呼ばれる空間について紹介をしたい。「部屋」とは文字通りVTuberがそこに存在する空間を指すが、実際に立体的な空間だけでなく、VTuberの配信画面において背景をなす一枚絵のことを指す場合も多々ある。「部屋」は単なる静止画の場合もあるが、昼・夜などの明るさの差分や、何らかのエフェクトが実装されている場合もある。例えば「部屋」の中に置かれている「オブジェクト」[25]が動いていたり、窓の外に桜の花びらや粉雪が舞い散っていたりするのだ。もちろん、細部まではっきりと描き込まれた背景もあれば、比較的淡い輪郭で描き込まれた背景もある。こうした多種多様な背景があるものの、VTuberたちは、そうした背景を「自分の部屋」として構えていることが多い[26]。

それでは、こうした「VTuberの部屋」の空間性を私たちはどのように理解すれば良いのだ

ろうか。即座に分かることは、こうした「部屋」がX軸とY軸のみから構成される（表象媒体のレベルにおける）二次元空間であるということである。こうした（レイヤーの重ね合わせを含む）二次元的な配置の中で、VTuberの「部屋」の画面が構成されることになる。ここで注目したいのは、こうしたVTuberの「部屋」が単に奥行きのない空間のように鑑賞されることはないということである。確かに表象媒体のレベルにおいて、VTuberの「部屋」は二次元的である。だが、表象内容のレベルにおいては、VTuberの「部屋」は明らかに三次元的であり、鑑賞者はVTuberの背後に広がるイラストを観て、あたかも「その部屋の中にVTuberがいる」かのように鑑賞するのである。

こうした鑑賞実践――すなわち、背景と人物が重ね合わされることで、あたかもその背景の空間にその人物が存在するかのように見なす鑑賞実践――は、実は私たちにとって見慣れたものである。なぜなら、こうした鑑賞実践は、私たちがアニメや漫画を観る際に慣習的に行っているものだからである。「人物A」の背後に配置された「背景B」を鑑賞することを通して、「人物Aが背景Bの空間にいる」という命題をフィクショナルに真たらしめるもの、それは「メイクビリーブ（ごっこ遊び）」の実践である。目下の見通しによれば、私たちはケンダル・ウォルトン（Kendall L. Walton, 1939-）の「メイクビリーブ理論」を導入することによって、VTuberの「部屋」配信に関する鑑賞実践を明瞭に理解することができる。そのため、まず私たちはウォルトンの議論の要諦を確認していくことにしよう。[27]

ウォルトンが出す有名な例が、「切り株を熊に見立てる子どもたちのメイクビリーブ」である。子どもたちが遊びの中で「これから切り株を熊に見立てよう」と提案し、その同意が固まることで「メイクビリーブ」が始まる。このとき、「メイクビリーブ」に参加していない子どもが「おい、あそこに熊がいるぞ！」という声を聴くと怯えるわけだが、そこに遊びに参加している子どもが現れて「大丈夫、これはごっこ遊びだから」と教えてあげると、途端にその子の恐怖は和らぐ。なぜならば、その子は「あそこに熊がいる」という命題があくまでフィクショナルに成り立っている（あくまで「メイクビリーブ」の中だけで成り立っている）ということを理解したからである。このとき、「あそこに熊がいる」という命題をフィクショナルに成り立たせているのは「切り株」であり、こうした存在をウォルトンは「小道具（props）」と呼んでいる。こうした「小道具」を用いて、鑑賞者は「あそこに熊がいるぞ！」という「言語的な参加」（MM, 220）や、「熊と出会ってしまって恐ろしい」という「心理的な参加」（MM, 226）を行うのである。そして、こうしたメイクビリーブの考え方を基礎にフィクション作品やフィクション制作について考えていくのがウォルトンの議論なのであるが、本章においては、こうした核になる議論に加え、さらに三つの論点を合わせて考える必要がある。

一つ目の論点として、こうした「小道具」が、共同体における取り決めや提案の中でのみ「小道具」として機能するという点が重要である。切り株は、メイクビリーブにおける慣習や理解に基づいてのみ「あそこに熊がいる」という命題をフィクションとして成り立たせるのであり、こうした「慣習や理解や合意」を、ウォルトンは「生成の原理（a principle of generation）」（MM, 38）と呼ぶ。「生成の原理」とは、言うなればフィクショナルな真理を成り立たせるルールに他ならない。ウォルトンも述べるように、こうした「生成の原理」が慣習的なものであるのか、自由裁量によるのかをあらかじめ一般的に決めることはできない。だが、「生成の原理」が（暗黙のうちにでも）共有されていなければ、ある特定の「小道具」が「小道具」としての機能を発揮すること（さらには「小道具」によって生成されるフィクショナルな命題自体が成り立つこと）はないであろう。こうした「生成の原理」が共有されているようなコミュニティに属しているか否かということが、ある特定のフィクショナルな命題の観取を伴った鑑賞が可能であるか否かの分岐点となる。

二つ目の論点として、「小道具」に加えて、「表象体（representations）」という概念が論じられている点が重要である。「表象体」とは、「ごっこ遊びの小道具となる機能を持ったもの」（MM, 53-54）である。例えば、先ほどの「切り株」はその場限りの小道具であり、「熊」に見立てられるために この世界に生み出されたものではない。だが、例えば「赤ちゃんのお人形」は、「赤ちゃん」に見立てられるために制作されたものである。こうした意味で、「切り株」と「赤ちゃんのお人形」には差異がある。そしてウォルトンは、こうした「表象体」を「フィクション作品」と交換可能な概念として規定するのである（MM, 72）[28]。例えば、小説や絵画は「フィクション作品」であり、しかもお人形よりもずっと自らフィクショナルな真理を生み出すことのできる「表象体」である（MM, 62)。そしてウォルトンは、こうした表象体を創り出す活動を「フィクション制作」（MM, 88）と呼ぶのである。

三つ目の論点として、表象体によって生み出されるフィクショナルな真理の中には、直接的に生成されるものと間接的に生成されるものがあるという点が重要である。ウォルトンは、前者を「第一次の（primary）」フィクショナルな真理と呼び、後者を「含意される（implied）」フィクショナルな真理と呼ぶ（MM, 140)。例えばウォルトンが出している例はフランシスコ・デ・ゴヤ『戦争の惨禍』連作の中の『見るにたえない』であるが、この例においては、版画の左側に縛られた犠牲者たちがおり、その右側に彼らを狙う銃の筒先（だけ）が描かれている（そこにおいて、銃を構えた兵士たちは直接描かれていない)。すなわち『見るにたえない』においては、「人々に狙いをつけた銃が存在する」という命題が第一次のフィクショナルな真理として生み出されているのである。そして、このときゴヤの版画を見て「銃の先しか映ってないじゃないか、本当は銃の筒先が空中に浮かんでいるだけではないか」と判断する人はいないだろう。[29] ここで、（直接には描かれていないが）「銃を持った兵士たちが存在する」という命題がフィクショナルなものとして成立するのであり、これをウォルトンは含意されるフィクショナルな真理と呼び表わす。「フィクショナルな真理は兎のように子を産む」（MM, 142）というウォルトンの言はまさに慧眼と言うべきだろう。なぜなら私たちは、眼前のフィクション作品が直接的に生成するフィクショナルな真理を土台として、そこから間接的なフィクショナルな真理を想像の世界の中で豊かに展開していくからである。

こうした営みは鑑賞者の想像力の中のみに閉ざされているわけではなく、鑑賞実践を共にするコミュニティの間で共有されていることがしばしばである。また、そうした間接的なフィクショナルな真理が豊かに展開していくように芸術家自身が創造性を発揮することもある。こうしたフィクショナルな真理は個人の頭の中だけに完結してしまうものではなく、鑑賞者と芸術家が協力することによって共創されていくものなのである（MM, 229）。

さて、こうしたウォルトンのメイクビリーブ理論を導入することで、私たちは先ほどの「部屋」の議論をより明瞭に理解することができる。ここでは姫森ルーナさんの部屋の例を取ろう。[30]二〇二二年七月二十三日に、姫森ルーナさんは新衣装お披露目と同時に、新たなる「部屋」も公開した。ルーナさんの住まう部屋は、これまでの赤色とピンク色を基調にした日常感溢れる部屋から、緑色が基調の豪華なお城の一室へと変貌したのだ。[31]こうしたイラストを背景にルーナさんの2Dモデルが重ね合わさられることで、私たちは「そこに」ルーナさんが存在するように鑑賞する。ここで、ウォルトンの次の言は殊に示唆的である。

> フィクション世界は、現実と同じく「すぐそこに（out there）」存在していて、私たちがそうしようと思えば、可能な範囲で探索したり探検したりすることもできる。フィクション世界を「人々の想像する絵空事」として片付けることは、それを侮辱し、過小評価する

ことなのである。(MM, 42)

まさにウォルトンが述べるような意味で、ルーナさんの部屋は現実と同様に「すぐそこに」存在する空間である。しかも、単にこうした空間がフィクショナルなものとして成立しているというだけではなく、鑑賞者自身がそうした空間を観ているということ自体もフィクショナルな事柄として成立している。[32] 言わば、鑑賞者は、「内側から想像している」のだ。[33] さらに、こうした背景イラスト全体が一つの「表象体」なのであるが、このイラストの中に描き込まれている一つ一つの家具自体も「表象体」、ないし「想像を促すもの(prompters)」として機能している。例えば夜風に揺れるレースのカーテンの奥にテラスが広がっているのを観て、「このテラスの先には、夜空を見渡せる広大な景色や庭が広がっているのだろう」という想像も促される。[34] こうしたフィクショナルな真理は直接的に描かれているものではなく、「第一次の」フィクショナルな真理を受容することによって派生的に展開する「含意される」フィクショナルな真理である。こうした含意されるフィクショナルな真理が広がっている空間にルーナさんの2Dモデルや3Dモデル(およびその挙動)が重ね合わされると、まさにそうした「奥行き」のあるフィクショナルな三次元空間の中からルーナさんが私たちに話しかけているという鑑賞実践が成立するに至る。さらに、こうしたお部屋の中にクリスマスツリーやプレゼントの箱といったオブジェクトが置かれたり、壁にかかった靴下の中に「ルーナイト[35]」が入り込んでいるようにオブジェクトが重ねられたりすると、そのまま「今は寒さの厳しいクリスマスの季節なのだ」、「自分たち（ルーナイト）が靴下の中に入れられているのだな」という間接的なフィクショナルな真理もその場で生成されるのである。[36]

このように、写実的に描かれた背景の上に姫森ルーナさんの2Dないし3Dのモデルが重ね合わされることで「本人がその立体的な空間内で活動している」というフィクショナルな真理が提示されるのは、表象様式の「図像」や「挙動」のレベルで行われる工夫である。こうしたフィクショナルな真理は、誰か個人の頭の中だけで完結してしまっているものでは決してない。そうではなく、芸術家自身が鑑賞者の想像を促すように世界を制作しているのであり、かつそのようにして生み出された表象体を観ることで、そのような世界が鑑賞者たちの間で共有されていくという相互的な芸術実践がここでなされているのである。

こうしたメイクビリーブの創造的・共同的な性質を考えていくと、月ノ美兎さんは一際興味深い実践を行っていることに気づく。月ノ美兎さんは「X」（旧Twitter）を用いて、ファンから家具のイラストを募集した。[37]このとき月ノ美兎さんは、配信の冒頭ですでに「山のように、皆さまね、家具を届けてくださったので、本当に開封が楽しみで仕方ありませんね」と述べており、「これから月ノ美兎さんの部屋の中に家具が並べられていくのだ」というメイクビリーブへの参加を鑑賞者たちに促している（これに対し、鑑賞者たちもYouTubeのコメント欄で明確な「言語的な参加」を行っていることが確認できる）。

その中で、殺風景な和室に最初に置かれたのは流しそうめんの台である。続けて打ち上げ花火の壁紙が貼られることで一気に雅やかな雰囲気になり、三つ目に取り出されたのが「炭酸ジュースのようなもの」である。こうした流れで、部屋の中で様々な家具が配置されていき、さらにそこにおいて自身の身体である2Dモデルの挙動を駆使することを通して、月ノ美兎さんは遊び心溢れるメイクビリーブ（例：宇宙から野次馬をしてくる「月ノ美兎」）を即興で行っていくのである。これは、月ノ美兎さんがまさに芸術家の如く縦横無尽にフィクショナルな真理を直接および間接的に生成している場面である。直接的に提示されているフィクショナルな真理も混沌としているが、そこから展開される間接的なフィクショナルな真理はさらに支離滅裂である。そこから統一的なフィクション世界の様相を思い描くことはほとんどできないが、こうした「大喜利」的なフィクショナルな真理の即時的生成を、VTuberと鑑賞者は共に楽しんでいるのである。ウォルトンは「フィクショナルな真理は兎のように子を産む」（MM, 142）と述べたが、月ノ美兎さんは、まさに2Dモデルという制約の中で、フィクショナルな真理を兎のように産み出し続けた芸術家であると言えるだろう。

さらに、この配信は、月ノ美兎さんが行うメイクビリーブの表象体をファン自身が制作しているという意味においても非常に興味深い事例である。ファンから募った表象体をVTuberが採用し、それらを用いてメイクビリーブを行い、それに対して鑑賞者たちがチャット欄を通して言語的に参加し、そうしたコメントに対してVTuberも反応を示していく。これは、

VTuberの配信がVTuberと鑑賞者のインタラクティブな関わりによって共同的に制作されていることを示す分かりやすい事例であると言えるだろう。[38] こうした事態は、表象様式の工夫を通した空間的な表象内容の共同的制作と言い換えることができる。そして、このようなフィクショナルな原理（すなわちメイクビリーブの実践）が根底において機能することによってこそ、二次元／三次元的な挙動を行うVTuberが存在する空間性がフィクショナルなものとして成立するのである。

2.3 表象様式における「移動」の空間性

これまで、表象様式における「図像」（平面的ないし立体的に見える質感であるか否かという問題）および「挙動」（Z軸の方向に制限のされない動作を行うことができるか否かという問題）の議論を行ってきた。また、それに合わせて、フィクショナルな原理（メイクビリーブの実践）によって制作される空間性の特質について議論を行った。2.3において論じるのは、三つ目の「移動」（歩行ないし走行による三次元空間の運動ができるか否かという問題）のレベルである。

2.3（A）「移動」という行為可能性とその空間性

2.2において「挙動」の差異を導入したのは、VTuberがZ軸の方向にモーションキャプチャーによる所作・振る舞いを制限なく実現させることができるか否かの区別を論じるためであった。ただし、2．2の議論（すなわち2Dモデルと3Dモデルの挙動の差異）を経てなお、私たちにはまだ語られるべき差異が残されている。それはVTuberが自らの足を使って三次元空間を移動することができるか否かという差異である。

例えば、キズナアイさんは二〇二二年二月二十六日に「ラストライブ[39]」を行ったが、そのときキズナアイさんと共に、電脳少女シロさん、ミライアカリさん、猫宮ひなたさん、犬山たまきさん、おめがシスターズさん、兎鞠まりさん、YuNiさんといった様々なゲストが楽曲と共に踊りを披露した。こうしたZ軸の方向を含んだ移動の実現可能性を伴うコンテンツになると、VTuberたちの行動はにわかに物理的な三次元空間を生きる私たちの振る舞いに非常に近似するものになる。それは、ある「背景」の空間にVTuberがあたかも存在するかのように鑑賞するという2．2において論じた事象とは区別される事柄である。

2．2においては、メイクビリーブの実践を行うことによって、その空間にVTuberが存在するという命題がフィクショナルなものとして成立していた。だが、ここで提示しているキズナアイさんのラストライブなどの事例では、VTuberが「踊りを披露する」という行為を実際に行っている。ここで実現された「踊りを披露する」という行為は、決してフィクショナルに成立しているものではない。VTuberはフィクショナルな空間ではなく、バーチャルな空間において実際にZ軸の方向を含んだ移動を行い、その場において様々な行為を実現している。

こうした行為は、現実世界に生きている私たちの行為に非常に近似したものになるであろう。フィクショナルな原理ではなく、バーチャルな原理において成立する行為、それがここで注目したい次元である。そして、そうした行為を実現させるためには、三次元のバーチャルな空間が必要である。そこで2．3（B）においては、VTuberが移動を行う空間として、「バーチャルな空間」の特質について論じていくことにしよう。

2．3（B）VTuberが移動を行う空間――バーチャルな原理の視座から

2．2において検討された「フィクショナルな空間」と、2．3において検討する「バーチャルな空間」は、根本的に性質が異なるものである。[40] まずは「バーチャル」という語義を確認していきたい。

一般に、「バーチャル」という語は「仮想」と訳されがちであるが、日本バーチャルリアリティ学会は、こうした理解が根本的に誤りであると主張している。同学会が編集している『バーチャルリアリティ学』を見てみると、"virtue"（徳、善行、ないし長所、効力を示す語）を語源に持つ「バーチャル」という形容詞が、原義的には「表層的にはそうではないが、本質的にはそうである」（二頁）という意味を有すると説明されている。[41] 本書の説明をそのまま用いるのであれば、例えば「バーチャルマネー」とは、「みかけは、お金ではないが、効果としてはお金」（二頁）である存在を示しているのである。こうした意味での「バーチャル」の反意

語とは「ノミナル（nominal）」、すなわち「名目上の」という形容詞に他ならない。なぜなら、先ほどの「バーチャルマネー」は決して「ノミナルマネー（名目上のお金）」の如きものではないからである。[42]

こうした議論を踏まえつつ、「バーチャルリアリティ（VR）」の概念は「目的に合致した現実のエッセンスを有するもの」（五頁）、「それがそこにない（現前していない）にもかかわらず、観察する者にそこにあると感じさせる（同一の表象を生じさせる）もの」（七頁）として定義される。そして、「現実」のエッセンスを有するために必要な要素（すなわちバーチャルリアリティがバーチャルリアリティとして満たすべき特徴）として舘が示すのは、「三次元の空間性」、「実時間の相互作用性」、「自己投射性」の三つ（およびそれらを実現するコンピューター上の諸技術）である（六頁）。敷衍するならば、現実のエッセンスを有した環境の中でZ軸の方向を含んだ移動を行うことが可能であり、テクノロジーによって可能になった環境ないし対象にリアルタイムで関わることができ、そうした環境の中に自分が入り込んでいるかのような感覚を得られるという体験の性質こそが、バーチャルリアリティの基本的な特徴である。[43]

実際、こうした定義は、デイヴィッド・J・チャーマーズ（David J. Chalmers, 1966-）が『リアリティ＋』の中で論じている「コアVR」の三つの条件、「没入型、インタラクティブ、コンピューター生成を必要とする」[44]と軌を一にするものである。「実時間の相互作用性」はそのまま「インタラクティブ」を示すものであるし、舘が示す「自己投射性」は「没入感」と密接に関わるものである。また、バーチャルな「三次元の空間性」は、「コンピューター生成」によって成立しているものである。こうした観点から見ると、鮨とチャーマーズは非常に近い「バーチャルリアリティ」の三要件を提示していると言えるだろう。

こうした定義を採用するならば、2．3において検討している三次元的な空間性は、字義通り「バーチャルリアリティの空間」であると言うことができる。なぜなら、前述した元SEEDs一期生やキズナアイさんによって行われた3Dライブは、バーチャルリアリティの三要件をすべて満たしつつ行われているからである。こうした「バーチャルな原理」（すなわちバーチャルリアリティの三要件）によって制作・表象される空間は、文字通り「バーチャルな空間」[45]と形容することができるだろう。

こうしたバーチャルな空間を鑑賞者が鑑賞する例としては、株式会社VARKが提供するアプリケーション「VARK」におけるVRライブを挙げることができるだろう。これまでホロライブプロダクションやにじさんじといったVTuberグループが「VARK」内でVRライブを行っており、その仕組みは、鑑賞者がヘッドマウントディスプレイを装着することによって、まるで目の前にVTuberがいるような視聴体験を得ることができるというものであった[46]。こうしたバーチャル空間においてVTuberの活躍を鑑賞できる仕組みは、メタバースのサービスの普及によって今後さらに増えてくると言えるだろう。

また、バーチャルな空間において実際にVTuberと交流することができるという事例の中で最も有名なものの一つは、二〇二三年四月二十一日に行われた、「バーチャル YouTuber 四天王」のミライアカリさんの引退配信であろう。[47] ミライアカリさんは最後の配信の中で、VRChat 空間においてファンとの交流を楽しんだ。そしてバーチャルな空間の中で、(高い競争率を潜り抜けることのできた) ファンたちはミライアカリさんに対して、それぞれの思いを伝えていった。もちろん、私たちは現在においても、ミライアカリさんのアーカイブの動画を画面の前から視聴することができる。だが、バーチャルな空間に入り込み、ミライアカリさんを目の前で見ることができたならば、それは自室のパソコンやスマホの画面から彼女の姿を観るときとは全く違った鑑賞体験になるだろう。このようにバーチャルな空間とは、VTuber と実際に会うことができるという夢を実現させてくれる可能性を持つ場所なのである。

ここまで、表象媒体・表象内容・表象様式の三つのレベルを区別し、それぞれ分析を行った。第二節においては、身体性に関わる表象様式を三つの観点 (図像・挙動・移動) から検討し、空間性に関わる表象様式を二つの観点 (フィクショナルな原理およびバーチャルな原理) から検討した。このようにそれぞれの水準を分けることによって、私たちは VTuber の二次元/三次元的な性質について論じるための一揃いの道具立てを獲得することができる。

しかし、私たちにはまだ論ずべき問題が残っている。それは、VTuber 自身はアニメ的な (すなわちフィクショナルな)「二次元キャラクター」ではないにもかかわらず、ときにメイクビリーブの実践によってフィクショナルな存在者にもなりうるという事態である。こうしたメイクビリーブが豊かに実践されるのは、とりわけ「ゲーム実況」においてである。第二節においてはウォルトンのメイクビリーブ理論を導入したが、第三節においてゲーム実況における配信実践および観賞実践を具体的に分析することによって、多層的なメイクビリーブの諸相（およびそれによって引き起こされるVTuberの一時的かつ多様なフィクション化）について分析することにしたい。

第三節　ビデオゲームの世界とメイクビリーブ——VTuberと鑑賞者が旅をする場所

ゲーム実況を行うことによって、VTuberが表示される画面とビデオゲームの画面はぴったりと重なり合う。こうした状況を目の当たりにしたとき、ときに鑑賞者は、あたかもVTuberが「ビデオゲームの世界」の中に入ってしまったかのような鑑賞体験を味わうことがある。こうした「重なり合い」を利用したメイクビリーブの諸実践を解釈し、ゲーム実況を通して即自的に生成・変化するフィクション化の諸相を明らかにするのが、本節の試みである。

3．1　ビデオゲームの二つの意味論——ゲームメカニクスと虚構世界とは何か

まずは、「「ビデオゲームの世界」とはそもそも何か？」という問いを検討するところから議論を始めたい。この問いに取り組むために、私たちはこれまでのビデオゲーム研究の蓄積を参

照する必要があるだろう。本章において特に理論的な支柱として参考にするのが、松永伸司による『ビデオゲームの美学』である。今日のビデオゲーム研究のスタンダードを提示した松永の理論に則り、ビデオゲームにおける二つの「意味論」――ゲームメカニクスと虚構世界――の区別を確認することにする。

「意味論」とは、ある特定の「記号」によって意味される「内容」の秩序を考察するものである。例えば私たちは、『スーパーマリオブラザーズ』における「マリオ」の記号のみならず、画面の上空に見られる「TIME 386」の記号や「雲」の記号を理解しながらその作品をプレイする。「TIME 386」という記号は「このステージをクリアするまでの制限時間」を「内容」として表しているし、「雲」の記号は「マリオたちの世界に浮かぶ雲」を「内容」として表している。だが、ビデオゲーム作品において、この二つの記号は別種の役割を付与されている。すなわち「TIME 386」という記号は「ゲームメカニクス」の意味内容を表しているのであり、「雲」の記号は「虚構世界」の意味内容を表しているのである。[48] それでは、二つの意味論とはそれぞれどのようなものか。

「ゲームメカニクス」とは「入力、処理、出力の機能を備えたある種のシステム」[49] であり、幅広い意味で「ゲーム行為のための対象・道具・文脈」[50] として機能する存在でもある。こうしたシステムが担う重要な役割の一つが「行為のデザイン」である。例えば先ほどの「TIME 386」という数字は制限時間を表しているため、それが0に近づくのを観るとプレイヤーは否が応でも焦らざるを得なくなる。この制限時間の厳しさをどのように設定するか（あるいは撤廃してしまうか）というゲームデザイン上の選択は、プレイヤーの行動の選択に大きな影響を与えることになるだろう。また、ゲームメカニクスは（正常にシステムが動作をする範囲内で）それぞれのプレイヤーの個性に応じてコントローラー入力を受け付けるため、そのプレイヤーの個性や腕前に応じて流動的にビデオゲーム内の状況が変容するという魅力を持つ（こうした特性がゲーム実況の多様性や予測不可能性に繋がっているのは言うまでもない）。

他方で「虚構世界」とは、「虚構構成的言説」によって表されると同時に作り出されるものである。[51] 例えば「ある朝、グレゴール・ザムザがなにか胸騒ぎのする夢からさめると、ベッドのなかの自分が一匹のばかでかい毒虫に変わってしまっているのに気がついた」というフランツ・カフカの『変身』の冒頭の書き出しは、『変身』の世界を表しているのと同時に、そこで表されている対象や出来事の集合としての虚構世界を構成しているのである。こうした「表す」と同時に「作り上げる」という特性は、フィクション作品に固有の特徴である（なぜならエッフェル塔の写真が撮られることによってエッフェル塔が作り上げられるわけではないからである）。

「ルール」としての側面を強く持つゲームメカニクスが異なれば、同じ虚構世界を表していたとしても、ビデオゲーム作品としてのその様相は大きく変わることになる。例えば『バイオハザード HDリマスター』（以下、『バイオハザード』）においては、従来の「ラジコン操作」を味わうことができる「オリジナル操作」と、スティックを傾けた方向にそのまま進むことができる「アレンジ操作」の二つを選択することができるが、このゲームメカニクス上の仕様の選択次第でプレイヤーの操作感覚が全く異なるものになるのは言うまでもないだろう。このようにゲームメカニクスと虚構世界が組み合わされることで、ビデオゲーム作品の「ナラデハ特徴」、すなわち「それに属する作品が、当の芸術形式の作品として評価される際にふつう評価項目になる特徴[52]」が創出されると松永は論じる。そして、ゲームメカニクスの記号と虚構世界の記号が重ね合わされることによって表示される世界こそが、本書で述べるところのビデオゲームの世界なのである。

3．2　ゲーム実況における画像的なメイクビリーブ

さて、3．1において確認したように、ビデオゲームの画面においては「ゲームメカニクスの記号」と「虚構世界の記号」が重ね合わせの状態になっている。ゲーム実況をするVTuberたちは、こうした諸記号が混在するビデオゲームの世界と関わりながらトークを展開していくことになる。私たちが3．2から考えていきたいのは、こうした「ビデオゲームの画面」と「VTuberが表示される画面」との「重ね合わせ」が生じた場合、一体どのような鑑賞体験の可能性が鑑賞者にもたらされるのか、という問いである。

詳しくはすでに2．2において述べた通りだが、「背景イラスト」が描き出す世界の中にい

るかのようにVTuberを鑑賞するというメイクビリーブの実践が、鑑賞者とVTuberとの間で共同的に行われるのであった。そして、こうしたメイクビリーブの実践が確立している中で、鑑賞者はVTuberによるゲーム実況を観ていくことになる。ゲーム実況においては、大抵の場合、画面の右下ないし左下（やや珍しい例では、自身を小さく表示して画面中央の下部）にVTuber本人の姿が映し出され、鑑賞者は「VTuberの姿」を正面から観つつ、かつ「VTuberが観ているゲーム画面」も同時に鑑賞するという二重の視点を得ることになる。そしてVTuberのゲーム実況においてより興味深いのは、メイクビリーブの実践を応用することによって、あたかもVTuber本人がビデオゲームの画面の外にいたり、中にいたりするように提示を行うことができるという点である。このようなフィクショナルな真理を成り立たせるメイクビリーブの多層性とその特殊性について論じていくのが3．2および3．3の課題である。

なお、あらかじめ述べておくならば、3．2においては「画像的なメイクビリーブ」を主題として扱い、3．3においては「言語的なメイクビリーブ」を主題として扱う。こうした枠組みは、表象体を「絵画的（pictorial）」な表象体（「描出体」）と「言語的（verbal）」な表象体（「語りによる表象体」）に区分するウォルトンの議論から着想を得たものである（MM, 292）。

3.2.1　ビデオゲームをプレイする際に自動的に発揮されるメイクビリーブ

まずは、ビデオゲームをプレイする際に自動的に発揮されるメイクビリーブについて確認する。この点については、今よりもグラフィックの性能に制約のあった八十年代、九十年代のビデオゲーム作品（例えば『ポートピア連続殺人事件』や『ドラゴンクエスト』）を例に考えてみると分かりやすいだろう。私たちは粗いドットの塊を見て、それらを単なる「染み」の如きものとしては鑑賞しない。そうではなく、私たちはドットの塊を生き生きとしたキャラクター（例：神父）やオブジェクト（例：木々や家）として鑑賞するのである。なぜそのような鑑賞が可能なのかと言えば、それはそうしたドットの塊や、世界観に即したＢＧＭが「表象体」となり、ある特定の虚構世界を想像するように指定されているからである。ここでメイクビリーブを発揮することが出来なければ、私たちはそもそも虚構世界を想像することすらできない。逆に言えば、ある程度ビデオゲーム作品に親しんでいるプレイヤーは、例えば一九九七年に発売された『ファイナルファンタジーⅦ』のように戦闘時やイベント時においてキャラクターの質感（頭身やポリゴンの粗さ）が大きく異なる作品においても、それらが「同一のキャラクター」であるという風に見なすことが可能なのである。

さて、ここまで簡潔に確認してきたのがビデオゲームのプレイに関するメイクビリーブの実践である。そしてこのメイクビリーブの実践に、さらにVTuberに関するメイクビリーブの実践が重ね合わせられることによって、VTuber のゲーム実況の特異な鑑賞体験が生じることになる。続けて、ビデオゲームの画面にとって VTuber の存在が外的な存在として提示されているか（3．2．2）、それとも内的な存在として提示されているか（3．3．3）、という観点を取りつつ、それぞれのメイクビリーブの様態について分析していくことにしたい。

3．2．2 VTuber が「ビデオゲームの世界」の外にいるかのように想像するメイクビリーブ

ビデオゲームの画面にとって VTuber の存在が分かりやすく外的なものになっているのは、次の事例である。[53] こちらの動画において、キズナアイさんが『APEX LEGENDS』をプレイしているのだが、このとき鑑賞者はぺたんと床に座り込んでゲーム実況を行うキズナアイさんの後ろ姿を観ることができる。このとき鑑賞者からは、まるで「キズナアイさんがバーチャルな空間のテレビ画面を見上げながらゲームをしている」かのような光景を観ることができる。キズナアイさんは３Ｄモデルの身体を有する存在者であるため、こうした工夫がより自然な形で行われやすいと言えるだろう。

また、キズナアイさんと同じく、テレビ画面を観ながらゲームをしているように提示がされている事例も豊富に見出すことができる。例えばハンドル操作をしながら車を運転しているように見えるさくらみこさんの事例[54]や、ビデオゲームのコントローラーを握って操作しているように見える白上フブキさんの事例[55]はその格好の事例である。「ハンドルを操作している手」や

「コントローラーを握っている手」といったオブジェクトがVTuberの前に置かれると、やはり「ビデオゲームの画面の外でゲームをしている」という提示が強まると言えるだろう。[56]

3.2.3 VTuberが「ビデオゲームの世界」の中にいるかのように想像するメイクビリーブ

さて、これまで確認してきた事例が、VTuberが外からビデオゲームの画面を観ているように提示がなされる事例である。特にテレビ画面を見上げながらゲームをしているように見えるキズナアイさんの事例は、ビデオゲーム作品に対するメイクビリーブが行使されているのみならず、そうしたビデオゲームの画面をVTuberが見上げているかのように想像するというメイクビリーブの実践が重ね掛けられていると言うことができるだろう。そして、次から検討していく事例は、VTuberがあたかもビデオゲームの世界の中に入っているかのように見える事例である。

これに関して分かりやすい事例は、『バイオハザード』実況を行うさくらみこさんの事例である。[57]この実況において、さくらみこさんは配信画面上で自らの全身像を縮小させた後に、主人公のクリス・レッドフィールドに対して熾烈な説教を行っている。このとき、実際の画面を観ればすぐに分かることであるが、共に3DCGグラフィックで構成されているクリス・レッドフィールドとさくらみこさんは、本当に隣に並んでいるように見えるのだ。もちろん、ここでさくらみこさんは洋館一階のセーブ部屋でレベッカ・チェンバースに話しかけられるわけではない（すなわち『バイオハザード』のゲームメカニクスに関与できるわけではない）。また、「S.T.A.R.S. 隊員」の一員としてクリス・レッドフィールドを叱責できているわけでもない（すなわち『バイオハザード』の虚構世界に入り込んでいるわけではない）。だが、もともと「背景の空間の中にVTuberが存在するように想像する」（さらに、「取り外し可能なオブジェクトとVTuberが関わっているように想像する」）というメイクビリーブの実践が確立している慣習の中では、洋館一階のセーブ部屋の中で、クリス・レッドフィールドに対してさくらみこさんが説教を行っているという鑑賞体験は何の問題もなく遂行されるのだ。ここでのチャット欄のコメントにおいては、「みこちがバイオの世界に入った！」、「一向に目を合わせようとしないクリス」、「クリスめんどくさそうな顔しておる」といったコメントが流れており、上述のようなメイクビリーブの実践が実際に鑑賞者たちによって行われていることを確認することができる。こうした工夫はさくらみこさんによる『バイオハザード』実況の中でも特異なものであり、とりわけこの場面においてチャット欄が大いに盛り上がった（すなわち鑑賞対象として大きな魅力を発揮することができた）という点は、特筆すべき点であろう。[58]

さらに3Dモデルではなく2Dモデルの姿でも、VTuberがビデオゲームの世界の中に入り込んでいるかのように提示が行われる事例もある。それはジョー・力一さんによる『星のカービィ ディスカバリー』実況である。[59] この事例において、力一さんは二分五秒頃からカービィに吸い込まれ、その体が激しく回転するという演出を行っている。こうした事例は、たとえ2

Dモデルであったとしても、工夫次第でビデオゲームの世界の中に入っているように提示できるという事態を雄弁に示していると言えるだろう。

こうした鑑賞体験が可能であるか否かは、それぞれの鑑賞者がメイクビリーブの実践を行う慣習を共同的に保持しているか否かに依存する。すなわち、「背景の中に人物が存在するように想像する」というメイクビリーブの実践が慣習的に確立していないとき、画面の世界の中に実況者が入り込んでいるように見えるという鑑賞体験が行われる可能性は極端に低くなるのである。[60] 例えば現実世界の配信者（例えば「HIKAKIN」）に対して、私たちは「背景の空間の中にその人物が存在する」というメイクビリーブを行うことは基本的にはないだろう。なぜなら、そのようなメイクビリーブの実践をするまでもなく、当該の配信者はどこかしらの物理空間（例えば本人の部屋）の中にいると判断されるのが自然であるからである。こうした事態は、「はじめしゃちょー」のように、非常に輪郭がすっきりとした仕方でビデオゲームの画面の姿が重ね合わされるゲーム実況者においても変わらないだろう。[61] このように、「背景の空間の中にその人物が存在するように想像する」というメイクビリーブの実践を行うか否かという慣習の存在（すなわち「生成の原理」の共有の成否）が分水嶺となり、私たちは配信者による通常のゲーム実況とは異なる仕方でVTuberのゲーム実況を鑑賞する可能性が高まるのである。

3．3　ゲーム実況における言語的なメイクビリーブ

私たちは、VTuber のゲーム実況において二重のメイクビリーブの実践を行っている。一つは、ビデオゲーム作品をプレイする際に自動的に発揮されるメイクビリーブ（3．2．1）である。そしてもう一つは、VTuber がビデオゲームの世界の外側ないし内側に存在するかのように見えるメイクビリーブである。3．2．2および3．2．3においては後者のメイクビリーブが「画像的」に行われる事例について見てきたが、本節の最後（3．3）に論じるのは、こうしたメイクビリーブが「言語的」に行われる事例である。こうした「言語的なメイクビリーブ」が「画像的なメイクビリーブ」と共に実践されることで、VTuber のゲーム実況というコンテンツがさらに実り豊かなものになっている点を見出すことができるだろう。

言語的なメイクビリーブは実に多様な形態を取りうるものであるが、本章においては次の二つのタイプについて検討することにしよう。一つはビデオゲームの世界の中に（実況を行っている当の VTuber ではない）VTuber たちが入り込んでいるように想像するというメイクビリーブであり、もう一つはビデオゲームの世界の中に鑑賞者たち自身が入り込んでいるように想像するというメイクビリーブである。

前者の具体例の中でも、有名な事例の一つとして二〇二二年度の「にじさんじ甲子園」を挙げてみたい。にじさんじ甲子園とは、『eBASEBALL パワフルプロ野球』（以下『パワプロ』）

においてにじさんじのVTuberたちをモデルにした「キャラクタークリエイト」がなされたチームを作成し、同ゲームの「栄冠ナイン」モードをゲーム内時間の三年間プレイした後に、それぞれのチーム同士で対戦を行うという大規模企画である。主催は舞元啓介さんと天開司さんの二人であり、二〇二二年度では各校監督として笹木咲さん、葛葉さん、椎名唯華さん、リゼ・ヘルエスタさん、ニュイ・ソシエールさん、加賀美ハヤトさん、イブラヒムさん、レオス・ヴィンセントさんの八名が抜擢された。二〇二二年八月十四日に行われた決勝戦の同時視聴者数が三十万人超えという驚異の数字を見せたところからも、この企画に対する鑑賞者たちの注目度が頭一つ飛びぬけている様子を窺うことができるだろう。

にじさんじ甲子園の事例において一際興味深いのは、まるで本当ににじさんじのVTuberたちが試合に出演しているかのように情動的に鑑賞されるという点である。にじさんじ甲子園においては、まず二〇二二年七月十九日に行われたドラフト会議において、各監督たちが自分のチームに引き入れたいVTuberたちを順に指名していくところから始まる。[62] この段階で各監督が獲得できるのは、『パワプロ』の選手たちに、指名したVTuberの名前を与えることができるという権利である。例えば監督の一人であり、「楽園村立まめねこ高校」を率いたレオス・ヴィンセントさんは、最初の指名で壱百満天原サロメさん（の命名権）を獲得することができた。そして『パワプロ』を開始した後に、レオスさんは初期ステータスの高い投手としてサロメさんを抜擢した（すなわちその投手に「壱百満天原サロメ」という名前を付与した）のである。[63] ここで説明した例はレオスさんとサロメさんの事例であるが、ここでは到底書ききれないほどのドラマがにじさんじ甲子園においては生み出されていた。このように、にじさんじ甲子園とは、それぞれの選手ににじさんじのVTuberたちの名前を与えていき、各校監督のみならず鑑賞者たちも――さらには『パワプロ』内において選手として出場することになったVTuberたち自身も――その各選手たち（ないし自分たち）の活躍を応援するという非常に大規模な言語的なメイクビリーブを行う試みなのである。[64]

このとき、各監督たちが自分のチームのVTuberたちの立ち絵イラストを画面に映し出しながら、そのイラストに合わせる形で選手のキャラクタークリエイトを行っているという点も非常に重要である。[65] なぜなら、ここでVTuberの姿に近い選手をじっくり生み出すことを通して、画像的なメイクビリーブを行う要素も導入されているからである。そして、こうした画像的なメイクビリーブと前述した言語的なメイクビリーブが重ね合わされることによって、鑑賞者たちはより強い形でメイクビリーブへの心理的な参加を促されることになるのだ。[66]

さて、もう一つの言語的なメイクビリーブの実践についても検討していきたい。それは、ビデオゲームの世界の中に鑑賞者自身が入り込んでしまったかのように想像するメイクビリーブである。こうした実践例の一つとして非常に興味深いのは、例えば角巻わためさんによる『Bus Simulator18』実況の事例である。[67]『Bus Simulator18』はバスの運転のシミュレーションをプレイヤーが楽しむビデオゲーム作品であるが、まず角巻わためさんは、これまでのメイクビリーブの実践と同様に、あたかも角巻わためさん本人がバスの運転席に座っているかのような演出（すなわち「画像的なメイクビリーブ」を行うための視覚的工夫）を行っている。ここで着目すべきは、「わためいと」[68]によるチャット欄の反応である。この動画のチャット欄において、わためいとの人たちはみな一様に「降ろしてくれ」、「ぎゃあああ」といった反応を示しているのだが、こうした書き込みは、「角巻わためさんが運転しているバスにわためいとの人々も乗車している」かのようなメイクビリーブの実践が行われることによって生じているのである。ここにおいては、角巻わためさんだけでなく、その鑑賞者であるわためいとの人たちもまた、実際にビデオゲームの世界の中に入ってしまったかのようなメイクビリーブの実践を行っているのだ。さらに、「わためいと」の形象が「羊」の姿をしていることから、角巻わためさんによるわためいとの運送は「出荷」と表現されている。こうした独自のファンとの関わりがゲーム実況の魅力を高め、言語的なメイクビリーブの実践をさらに創造性に富んだものにするという点で、VTuberのゲーム実況は非常にユニークなポテンシャルを有していると言えるだろう[69]。

実際に、こうした事例はVTuberのゲーム実況においてはしばしば見られるものである。例えば羽継烏有さんによる『LITTLE NIGHTMARES』[70]実況においては、作中において登場する敵キャラクターを「Fantom」に見立て、異形の姿と化した自らのファンから羽継烏有さんが逃げ回るという状況が生まれている[71]。また、姫森ルーナさんによる『Hidden Through

Time』実況においては、作中に登場する子豚たちを「ブーナイト」[72]と呼び、子豚たちになった自らのファンを「ピンクで可愛い」と愛をもって接している。[73] こうした羽継烏有さんや姫森ルーナさんの事例は、VTuber のゲーム実況において、鑑賞者自身がビデオゲームの世界に入り込んでいるかのような言語的なメイクビリーブの実践が自然と行われていることを示すものである。このように、VTuber と鑑賞者はゲーム実況においてインタラクティブに関わることによって、即自的に生成されるメイクビリーブの世界を楽しんでいる。そして、こうした様々な画像的・言語的なメイクビリーブの実践を通して、VTuber と鑑賞者との間で独自の物語が育まれていくのである。[74]

ゲーム実況におけるメイクビリーブの実践を通して、VTuber と鑑賞者たちは共に旅をする。あるときには、VTuber 自身がビデオゲームの世界の中に入り込み、それを鑑賞者が外から応援するという仕方で。そしてあるときには、VTuber と一緒に鑑賞者がビデオゲームの世界の中に入り込み、両者がその世界の中で出会いを果たすという仕方で。もちろん、VTuber がビデオゲームの世界の外側にいるように提示されていたとしても、その VTuber 自身が成長しながらその作品をプレイしていく姿を観るのは、ある種の旅に同行する比喩で捉えることができるだろう。それらはビデオゲーム自体に対するメイクビリーブに加え、さらにそこに VTuber（ないし鑑賞者）に対する画像的および言語的なメイクビリーブの実践が行われることで成立する想像上の世界である。だが、ビデオゲーム作品そのものを舞台にして行われる即興的なメイクビリーブの実践は、あらかじめ制作された物語をただ享受する以上のダイナミズムを鑑賞者に与えることができる。本章第三節で見てきたような複層的なメイクビリーブの実践があるからこそ、VTuber のゲーム実況は様々な仕方で楽しまれることが可能なのである。こうしたメイクビリーブの実践の諸相によって即時的に形成される共有された想像上の世界、それこそが、VTuber と鑑賞者たちが共に旅をする「場所」に他ならないのだ。

VTuber はビデオゲーム自身に対するメイクビリーブのみならず、ビデオゲームの世界を舞台とした画像的および言語的なメイクビリーブを実践している。そして、鑑賞者自身も心理的に巻き込まれた共同的なメイクビリーブの実践を通して、そこにおいて VTuber と鑑賞者が多様な関係を結ぶことができる想像上の世界の地平が切り開かれるのである。こうしたフィクショナルな世界――生き生きと展開される表象内容の世界――が即時的に生成されるメイクビリーブの諸実践の現場、それこそが、まさに VTuber による「ゲーム実況」に他ならない。こうしたゲーム実況の配信実践および観賞実践を通して、VTuber はフィクショナルな空間に位置づけられたり、ときに自己自身を一時的にフィクショナルな存在者として提示したりする(例えばビデオゲームの世界に登場するキャラクターのように自己を提示し、そのように振る舞う)。VTuber 自身はフィクショナルな存在者ではないが、ときに自らをフィクショナルな存在者として提示することによって、より多様で魅力的な配信実践を実現するのである。このように、「VTuber」という存在者を適切に理解するためには、VTuber の活動実践から「フィクション」の性質を見出せるところ（そして見出せないところ）を、本書第三章および第四章の議論を合わせて見極めていく作業が必要であるだろう。

1　THE FIRST TAKE「星街すいせい - Stellar Stellar / THE FIRST TAKE」（https://www.youtube.com/watch?v=AAsRtnbDs-0）（最終閲覧日：二〇二三年十一月二日）。

2　詳しくは次の記事を参照。HOMINIS「アーティストとしても活躍！にじさんじ所属のVTuber・樋口楓がこれまでの活動を振り返る！「私という存在を理解していただくまでにとてつもない時間がかかりました」」（https://hominis.media/category/musician/post9371/）（最終閲覧日：二〇二三年十一月二日）。

3　詳しくはこちらの記事を参照されたい。「来場者23万人超…志摩スペイン村×周央サンゴさんコラボ、なぜ大成功した？企業担当が知っておくべき「愛」と「リスペクト」のあり方」（https://www.businessinsider.jp/post-268602#index8）（最終閲覧日：二〇二三年十一月二日）。

4　A.I.Channel「【自己紹介】はじめまして！キズナアイです ʚ(｀ȏ´ʚ)」（https://www.youtube.com/watch?v=NasyGUeNMTs）（最終閲覧日：二〇二三年十一月二日）における〇分一秒〜〇分二十九秒までのセリフ。なお、動画内で表示されるテロップに従い、ここに限り「キズナ・アイ」という表記を用いる。

5　本書においてはさしあたり「二次元」（ないし「平面」）という言葉で「X軸とY軸の二つの座標軸（典型的には「縦」と「横」）によって構成される次元」を意味し、「三次元」（ないし「立体」）という言葉で「X軸、Y軸、Z軸という三つの座標（典型的には「縦」・「横」・「奥行き」）によって構成される次元」を意味している。

6 「しかしこれらのものは、三点において異なっている。すなわち、第一に、異なった媒体において再現し、第二に、異なった対象を再現し、第三に、同じ方法ではなく、異なった仕方で再現する、という点において異なっているのである」（内山勝利ほか編『アリストテレス全集 第18巻』岩波書店、二〇一七年、四八〇頁）。

7 確かに、三次元の身体を持つ存在者は三次元の空間に存在し、二次元の身体を持つ存在者は二次元の空間に存在する（すなわち身体と空間の次元が一致する）というのが自然である。しかしVTuberの場合、後述する「おうち3D」と呼ばれるコンテンツに代表されるように、「身体の挙動は三次元的であるが、空間は二次元である」という状況がしばしば生じる。こうした事態を分析するために、「身体性の二次元／三次元」と「空間性の二次元／三次元」を分けて論じる必要がある。

8 ここでは、ある一連の事柄を成り立たせる規則といった意味内容を表すために「原理」という言葉を用いている。そうした意味合いから、本章においては「フィクショナルな空間」を成り立たせる「メイクビリーブの実践」を「フィクショナルな原理」と呼び、「バーチャルな空間」を成り立たせる「三次元の空間性」、「実時間の相互作用性」、「自己投射性」の三要件を「バーチャルな原理」と呼んでいる（詳しくは2．2（B）および2．3（B）にて後述）。

9 本章においては、株式会社メディアクリエイトが開催する「ゲーム論文大賞 2022」で優秀賞を受賞した中村鮎葉「国内ゲーム実況ライブ配信におけるチャンネルのコミュニティ的性質の統計分析」（https://www.m-create.com/img/Haishingiken2022.pdf）の議論に則り、「ゲーム実況」を「他者であるゲームプレイヤー（以下「プレイヤー」）がビデオゲームをプレイする様子を、インターネットのサービスを通じて鑑賞する行為」として定義する。この定義に従えば、例えば（囲碁やチェスなどの）アナログゲームをインターネット中継し、それに対して「実況」を加える行為が「ゲーム実況」と呼ばれることはない。

10 こうした意味で、本章第三節は前章の問題意識を引き継いだものであると言える。

11 なお、本書の議論は、基本的に「デクストップ・スマートフォン基準」に限定されたVTuberの動画を念頭に置いている。

12 例えば「無色透明VTuber」を標榜する「強化人間」（https://www.youtube.com/c/trombeningen/featured）のような事例もあるが、このような種類のVTuberは、そもそも自身に対する表象内容を持たないと判断するのが自然である。

13 #SEEDs24の企画時点では、「ドーラ」、「轟京子」、「シスター・クレア」、「花畑チャイカ」、「社築」、「安土桃」、「鈴木勝」、「緑仙」、「卯月コウ」の九名が該当する。

14 鈴木勝／Suzuki Masaru「【 #SEEDs24 】はじめてのおつかい ～皆でカレーの材料を集めよう～【鈴木勝／にじさんじ】」（https://www.youtube.com/watch?v=bnSGY2KM-HA）（最終閲覧日：二〇二三年十一月二日）。

15 緑仙／Ryushen「【 #SEEDs24 】Special LIVE～ゴールデンボンバー祭り～【にじさんじ一緑仙】」（https://www.youtube.com/watch?v=wbLE8Oa0mTw）（最終閲覧日：二〇二三年十一月二日）。

16 もちろん、表象内容を表象する技法・技術は複数の種類（後述するような「図像」・「挙動」・「移動」といった要素）に分けられる。そうした表象様式の多層性を分けて論じるべきだ（すなわちそれらを「表象様式」という同一の括りの中で論じるべきではない）という指摘もあるだろうが、「表象内容をどのように表すのか」という技法・技術の観点では、さしあたり同一の主題の中で論じることができると本書は考える。

17　例えば次の動画を参照されたい。剣持刀也「刀ピークリスマス２０２１」(https://www.youtube.com/watch?v=k89o8zF4H-o&t=0s)（最終閲覧日：二〇二三年十一月二日）。

18　先取りして述べるならば、こうした「図像」の二次元性／三次元性は、２．２（Ｂ）にて後述する「メイクビリーブの実践」の成立如何に大きく関わることになる。また、「図像」に関する主題を論じるにあたり、漫画研究家であり、先駆的なVTuber研究者の一人である泉信行から丁寧な指摘をいただいた。この場を借りて感謝申し上げる。

19　ここで、「２ＤモデルにはＺ軸の挙動がなく、他方で３Ｄモデルにはある」という主張がなされているわけではないという点には注意が必要である。なぜなら、実際には２Ｄモデルはある程度の奥行き方向の挙動を実現させることが可能だからである。したがって、「２ＤモデルはＺ軸の挙動が部分的に限定され、３Ｄモデルにおいてはそれが全体的に解放されている」という理解が正確であると言えるだろう。

20　一例として、例えば次の動画を参照されたい。天川はの／AmakawaHano「（はの恋）参加型♡はのとの幸せなＥＮＤをめざせっ！（天川はの）」(https://www.youtube.com/watch?v=rmfTUzJvnD0&list=LL&index=1)（最終閲覧日：二〇二三年十一月二日）。他にも、例えば天川はのさんによる「きゅうくらりん」のカバーの動画などを観ることで、私たちは彼女のモデルの図像の美麗さと繊細さを確認することができる。天川はの「『きゅうくらりん』ver. 天川はの」(https://www.youtube.com/watch?v=kRddHR9mdHc&list=LL&index=1)（最終閲覧日：二〇二三年十一月二日)。

21 次の動画の五分四十二秒頃からの夜見れなさんを参照。夜見れな／yorumi rena【にじさんじ所属】「【Euro Truck Simulator 2】運転まかせてねー　らじおらじお【夜見れな／にじさんじ】」(https://www.youtube.com/watch?v=VcIHXswQOg4)(最終閲覧日：二〇二三年十一月二日)。

22 Ran Channel／日ノ隈らん【ななしいんく】「【5周年記念】３Ｄ!?挑戦していくＮＥＷひのくま【日ノ隈らん／ななしいんく】」(https://www.youtube.com/watch?v=flMtJSgvZeA)(最終閲覧日：二〇二三年十一月二日)。

23 ここで「通常」と述べたのは、「Live2D」の技術を用いてハンドトラッキングを行うこと(そして手指を連動して動かすこと)自体は技術的に可能であるからである。技術の進歩によって２Ｄモデルで可能な挙動の幅が広がれば広がるほど、将来的に２Ｄモデルと３Ｄモデルの差は小さくなっていくと言えるかもしれない。

24 一般的に言って、「挙動」という概念は広い意味で「移動」という事柄(例えば「目線の移動」や「顔の位置の移動」など)を含むだろうが、本章においては「歩行ないし走行によるZ軸の方向を含んだ運動」を「移動」、そして「Z軸の方向を含んだ所作・振る舞い」を「挙動」という仕方で呼び分けることで、それぞれの行為の特性を明示することにする。この定義においては、「移動」概念の中に「挙動」が含まれることになるだろう(例えば「歩きながら首をかしげる」という動作は、「移動」をしつつ「挙動」を行うという動作である)。

25 ここで「オブジェクト」とは、設定次第で取り外し可能な要素(例えば後から追加された「椅子」や、クリスマスの時だけ限定的に壁にかけられている「靴下」など)を念頭に置いている。

26 もちろん、VTuberの中には固定的な「部屋」を持たず、抽象的な模様のみを背景にトークを繰り広げる方も数多く存在する（例えば剣持刀也さんや加賀美ハヤトさんなど）。他にも、ぼんやりと浮かぶ夜の海をバックにトークを展開する小城夜みるくさんのような事例も存在する。Milk ch. 小城夜みるく「【スパチャお礼配信】15歳姿で自己紹介します【小城夜みるく】」(https://www.youtube.com/watch?v=0Cl61MWWRt8)（最終閲覧日：二〇二三年十一月二日）。いずれにせよ、こうしたVTuberたちによる様々な「背景」のバリエーションを私たちは確認することができるだろう。

27　本章におけるウォルトンの原文の訳出は、*Mimesis as Make-Believe: On the Foundations of the Representational Arts* を訳した田村均の翻訳（『フィクションとは何か』）に基本的に準じている（例えばrepresentationsの訳語として「表象体」という語を採用している）。ただし、一部読みやすさの便宜を図り改訳を行っている箇所もある。本書においては、*Mimesis as Make-Believe: On the Foundations of the Representational Arts* をMMと略記し、その直後に頁数を振ることで引用を行う。また、ウォルトンの「メイクビリーブ理論」の整理、およびその理論的応用に関しては、松本大輝「その歌は緑の髪をしている――ボーカロイドとメイクビリーブ」『フィルカル』第二巻第二号、株式会社ミュー、二〇一七年、九六〜一四二頁から大きな示唆を得た。

28　ただし、同時にウォルトンが「機能がフィクション制作者の意図にもとづくと理解されるかぎりでは、制作者が影響をもってくる。しかし、もとづくと理解せねばならないわけではない」(MM, 88)と述べ、実際に岩の連なりや雲を例に挙げつつ、「自然に生じた図形は、視覚的な種類のごっこ遊びで小道具として用いられることがその機能であると理解されるときには、十全な絵であると見なすのが最もよい」(MM, 88)と論じている点は付言されるべきであろう。

29 こうした解釈に対し、ウォルトンは「銃が空中に宙吊りになっていると主張するのは、意図的な誤解であり、ひねくれた態度である」（MM, 140）と述べる。

30 Luna Ch. 姫森ルーナ「【＃姫森ルーナ新衣装】Loyalty な新衣装お披露目なのら！！！NEW OUTFIT【姫森ルーナ／ホロライブ】」（https://www.youtube.com/watch?v=Xgb-52TwUJU）（最終閲覧日：二〇二三年十一月二日）。

31 また、二〇二三年七月二十九日に、姫森ルーナさんは新衣装お披露目に合わせて、新たにワインレッド色のベッドやソファーが映える豪華なお部屋を鑑賞者たちに公開した。Luna Ch. 姫森ルーナ「【＃姫森ルーナ新衣装】赤ちゃんじゃない？！セクシーアダルトな新衣装をお披露目なのらあああああ！！！New Outfit【姫森ルーナ／ホロライブ】」（https://www.youtube.com/watch?v=M7OKtBwmpLo）（最終閲覧日：二〇二三年十一月二日）。

32 こうした点について、ウォルトンは次のように述べる。「Pなる命題がフィクションとして成り立つと鑑賞者が理解しており、Pそのものを想像するだけでなく、Pを信じているとか知っていると想像している場合、Pをその鑑賞者が信じている、ないし知っているということもフィクションとして成り立つ」（MM, 214）。

33 「一般的に言って、参加することは、内側から想像すること、ものごとを自分で実行したり経験したりすることを必然的に含んでいる。自分が赤ちゃんをお風呂に入れるのであり、自分が馬に乗るのであり、自分がトラックを運転するのである、というように」（MM, 212）。また、「私たちは、フィクション世界を外側から観察するだけではない。私たちはフィクション世界に住んでいる」（MM, 273）ともウォルトンは述べる。

34 そして、姫森ルーナさんは二〇二三年十月十日の生誕祭３Dライブの中で、お城の庭風の「ロイヤルガーデンステージ」を新たに公開した。このステージの奥には姫森ルーナさんが住んでいるお城もそびえ立っており、姫森ルーナさんの住む世界に関するフィクショナルな真理がさらに豊かなものになったと言えるだろう。この点に関して、詳しくは次の動画の四分三十六秒以降を参照されたい。Luna Ch. 姫森ルーナ「【生誕祭／3D LIVE】Cute Is Justice !!!【#姫森ルーナ生誕祭2023】」(https://www.youtube.com/watch?v=WY26Jo2P9OU)（最終閲覧日：二〇二三年十一月二日）。

35 姫森ルーナさんのファンの総称。

36 例えば次の動画を参照されたい。Luna Ch. 姫森ルーナ「【お家3D】サンタルーナがやって来た！Karaoke も歌うのら【#姫森ルーナ／ホロライブ】」(https://www.youtube.com/watch?v=RhIgK8uSPfw)（最終閲覧日：二〇二三年十一月二日）。なお、紙幅の関係上深掘りすることができないが、こうした「部屋」の中には、長年そのVTuberを追っていた鑑賞者であればその「由来」が分かるようなオブジェクトが描写・配置されていることも珍しくない。こうした意味で、しばしばそのVTuberの「部屋」の中には、これまでの活動の集積（すなわち「歴史」）が結晶のように込められているのである。

37 月ノ美兎「リスナーからヤバそうな家具いっぱいもらいました【月ノ美兎／にじさんじ】」(https://www.youtube.com/watch?v=vmEeU53-Z8Y)（最終閲覧日：二〇二三年十一月二日）。なお、この企画自体は二回目であり、一回目は二〇一九年十二月十一日に行われている。

38 こうしたVTuberと鑑賞者の「共同制作」という側面は、詳しくは本書第五章第二節にて後述。

39 A.I.Channel「Kizuna AI The Last Live "hello, world 2022"」(https://www.youtube.com/watch?v=GTa2HxlsBPM)（最終閲覧日：二〇二三年十一月二日）。

40 「バーチャルな空間」と「フィクショナルな空間」がずれる例に関しては、キズナアイさんの事例を扱う注53にて後述。

41 なお、『米国継承英語辞典（*The American Heritage Dictionary*）』の第三版においては、“virtual”の語が“Existing in essence or effect thought not in actual fact or form”（「みかけや形はそのものではないが、本質あるいは効果としてはそのものであること」）として定義されていると同ページにおいて紹介されている。また、2．3（B）においては、日本バーチャルリアリティ学会編『バーチャルリアリティ学』コロナ社、二〇一一年の頁数を示す。

42 興味深いことに、この「ノミナル」の対義語に当てはまる言葉が「リアル（real）」に他ならない。こうした点を踏まえ、『バーチャルリアリティ学』第一章の1．1の執筆を担当している舘暲は次のように述べる。「バーチャルは、ほとんどリアルであり、決して、巷で誤解され喧伝されているように、リアルの反対語として対をなすような言葉ではない。ちなみにリアルと対をなすべき反対の意味の言葉は、イマジナリ（imaginary）である。すなわち、「虚」はイマジナリに対応し、虚数（imaginary number）などの訳に使われている。したがって、虚もバーチャルの訳としては不適である」（三頁）。その後続く箇所においても、舘は“supposed”ないし“hypothetical”という意味合いを有する「仮想」という訳語の問題点を指摘し、「バーチャル」は「仮想の」、「名目上の」、「虚の」といった形容詞の類義語どころか、むしろそれらと反対の意味内実を持つ（その意味で、むしろ「リアル」の概念に近似する）概念であると論じるのである。

43 こうした意味で、バーチャルな空間において制作されたコンテンツは、実写映像の場合の表象様式に近似するものであると言える。

44 デイヴィッド・J・チャーマーズ著、高橋則明訳『リアリティ＋　バーチャル世界をめぐる哲学

の挑戦』上巻、ＮＨＫ出版、二〇二三年、二九九頁。

45 ここで整理しておくと、バーチャルリアリティの三要件（バーチャルな空間を表象するために用いられる技術）とは、バーチャルな空間を表象するための（「図像」・「挙動」・「移動」すべての要素を含んだ）「表象様式」であり、バーチャルな空間それ自体は「表象内容」である（前述したように、本章においては「表象様式」という語を「表象内容を表象するために用いられる技法・技術」として用いている）。

46 例えばホロライブプロダクションとVARKは、「Cinderella switch」というシリーズで「隣にいるVTuberと一緒に、目の前でライブをするVTuberを鑑賞する」というＶＲライブを提供しており、二〇二二年六月二十五日には、樋口楓さんがＶＲライブ『Higuchi Kaede VRLIVE "i^x=K"』を行っている。

47 Mirai Akari Project「【アーカイブ編集版】ミライアカリ最後の生放送」(https://www.youtube.com/watch?v=Z2Aq9In8DF4)（最終閲覧日：二〇二三年十一月二日）。

48 松永は①「虚構的内容だけを持つ記号」、②「虚構的内容とゲーム的内容の両方を持つ記号」、③「ゲーム的内容だけを持つ記号」の三つを分けており、②の記号（①と③の両方の性質を共有した記号）がしばしば頻出するという点を示唆している（松永、二〇一八年、一一一頁）。

49 松永伸司『ビデオゲームの美学』一五〇頁。

50 松永、前掲書、一六三頁。

51 松永、前掲書、一二〇頁。

52 松永、前掲書、一五頁。

53 A.I.Games「『１　キ　ル』目指す配信【APEX LEGENDS】」(https://www.youtube.com/watc

h?v=PnT9y6yLNHw&list=LL&index=29）（最終閲覧日：二〇二三年一一月二日）。この配信において、「キズナアイさんが座る白い空間」は「バーチャルな空間」（実際にその中で三次元的な移動を行うことができる空間）である。しかし、①この画面に対して斜めに『APEX LEGENDS』を映し出すテレビ画面の枠が後から合成されており、また②そうした「小道具」を用いてフィクショナルな真理（「キズナアイさんが画面を見上げている」）が提示されているという二つの点において、「フィクショナルな空間」（実際には三次元的な移動はできないが、「小道具」を用いたメイクビリーブの実践を通して成立する空間）として「キズナアイさんがテレビ画面を見上げながら『APEX LEGENDS』をプレイする空間」が構成されていると言える。このように、「バーチャルな空間」に対してウォルトン的な意味での「小道具」が（バーチャル空間の中で実際には干渉不可能な仕方で）付与される場合、「バーチャルな空間」と「フィクショナルな空間」はずれを示す（そしてそうした差異を含みつつ二つの空間が同時に成立する）と言えるだろう。

54　Miko Ch. さくらみこ「【Forza Horizon 5】はじめてのForzaでオープンワールドを走りまくるぜぇぇぇ！にぇ！【ホロライブ／さくらみこ】」（https://www.youtube.com/watch?v=pJgqqgtv7FU&list=LL&index=28）（最終閲覧日：二〇二三年十一月二日）。

55　フブキCh。白上フブキ「【＃1】ゼルダの伝説ムジュラの仮面【ホロライブ／白上フブキ】」（https://www.youtube.com/watch?v=IIY19aD0xTg）（最終閲覧日：二〇二三年十一月二日）。

56　こうした「コントローラーを持っている手」のようなオブジェクトがVTuberの2Dモデルの前に据え置かれると、「ビデオゲームの世界の中に入り込んでいる」といったメイクビリーブの想像は明らかに妨げられることになる。ある特定の表象体が、想像の指定を促すか、それとも阻害するかという観点は殊に重要である。この点についてはウォルトンも同様の見解を示している(MM, 147)。

57 Miko Ch. さくらみこ「【バイオハザード ＨＤリマスター】完全初見！クリアまで（？）バイオハザァァアド！！！！！【ホロライブ／さくらみこ】」(https://www.youtube.com/watch?v=0VPNmYme8Dw&list=LL&index=17)（最終閲覧日：二〇二三年十一月二日）。詳しくはこちらの動画の六時間十一分五十四秒以降を参照されたい。

58 こうした事例は他にもある。例えば健屋花那さんは『星のカービィ ディスカバリー』実況の一時間四十二秒頃からカービィと手を繋ぐという演出を行っている（健屋花那【にじさんじ】KanaSukoya「【星のカービィ ディスカバリー】＃１ ああああああああああああああああああああ【健屋花那／にじさんじ】」(https://www.youtube.com/watch?v=zaY-UQJJFU0&t=0s)（最終閲覧日：二〇二三年十一月二日））。原理は先ほどのさくらみこさんと同じであり、３Ｄモデルの自らの全身像を縮めた後で、カービィの横に並んだ健屋花那さんが自分の手をカービィの手に重ね合わせるというものである。この事例において特に興味深いのは、より強い情動的な反応と共にVTuberがメイクビリーブの実践を応用しているという点である。こうした情動は、「ビデオゲームの世界の中に入っているように見える」という体験を越え、「本当にビデオゲームの世界の中に入っている」と思える体験をVTuber本人に対して（そしてそれを観ている鑑賞者に対しても）与えてくれるのである。こうした情動的なメイクビリーブの実践も、VTuberのゲーム実況の中で生じうる特異な鑑賞体験であると言えるだろう。

59 ジョー・力一 Joe Rikiichi「【星のカービィ ディスカバリー ＃０２】ドライブ・マイ・力一【にじさんじ／ジョー・力一】」(https://www.youtube.com/watch?v=YO74kzqcE98)（最終閲覧

日：二〇二三年十一月二日）。

60 こうした点について、「VTuber のゲーム実況の動画に対してメイクビリーブを行えない」、「逆に、物理空間にいる配信者のゲーム実況の動画に対してメイクビリーブを行うことができる」という指摘もなされるかもしれないが、これらは本章の議論に対する反論にはならない。ウォルトンも明確に述べているように、メイクビリーブを可能にする「表象体」が「表象体」として機能するか否かは、「生成の原理」が特定の鑑賞実践のコミュニティの中で共有されているか否かに完全に依存する。仮に本論で提示したようなメイクビリーブの実践とは別様の実践がなされていたとしても、それは、その鑑賞者が他のコミュニティによって保持されている「生成の原理」をさしあたり持っていないという事実を示すだけであり、本章が論じている「ある特定の生成の原理が共有されたコミュニティの中で、それに応じたメイクビリーブの実践がなされる」という事柄自体を反証することにはならないのである。なお、こうした「生成の原理」に対して、ウォルトンは「非常に含蓄の多い芸術作品などでは、原理が明示的に合意されることは決してなく、定式化されることさえなくて、想像する人々の方も原理に気づかないかもしれない」（MM, 38）、「どういう生成の原理があるのかということは、さまざまな文脈で人々がどういう原理を受け入れるかにもとづいている」（Ibid., 38）と述べており、本章もこうしたウォルトンの立場に賛同するものである。また、人によっては「コラ画像」の文化の存在を指摘する者もいるかもしれないが、真面目にフィクショナルな真理を生成する営みと、ふざけてコミカルな画像を作り出す営みは区別されて然るべきだろう。もちろん、その境界線はどこまでも流動的である。というのも、VTuber のコンテンツの中には、わざと質の低い「コラ画像」を提示することで鑑賞者の笑いを誘うものも多々あるからだ。こうした点について、例えばときのそらさんの初配信における「V

Ｒトリップ」を参照されたい。SoraCh. ときのそらチャンネル「【17/09/07 放送】ときのそらＶＲ生放送アーカイブ【＃００１】」(https://www.youtube.com/watch?v=ZXF1SzAtFj8)（最終閲覧日：二〇二三年十一月二日）。

61　はじめしゃちょー2(hajime)「【生放送】はじめんがＤｂＤモバイル初見プレイ！！！【デドバモバイル】」(https://www.youtube.com/watch?v=e5A6qZ1eqSg)（最終閲覧日：二〇二三年十一月二日）。ただし、逆に言えば、実写の配信者に対して「背景の空間の中にその人物が存在するように想像する」というメイクビリーブを実践する慣習が確立したならば、VTuberの実況と同じように「はじめしゃちょー」の実況を鑑賞できるようになる（すなわち本当にビデオゲームの世界の中に「はじめしゃちょー」がその世界の中に入っているかのように鑑賞を行う）可能性は高まることであろう。また、興味深い例として、プロ格闘ゲーマーの「Shuto」選手による『ストリートファイター６』配信においては、使用キャラクターと自らの姿を並ばせるという場面を確認することができる（https://www.twitch.tv/videos/1939829313）（該当箇所は三分二十秒以降）。本節において検討しているような「生成の原理」が実写の配信者に対して生み出されているか否かを詳細に吟味するという作業は、より総合的な配信文化研究において今後なされるべきであろう。

62　具体的には、一巡目から三巡目までは入札制度であり、四巡目から七巡目まではウェーバー制が採られ、八巡目以降はルーレットで決定するというドラフトルールが採用されていた。詳しくは次の動画を参照されたい。にじさんじ「にじさんじ甲子園２０２２ ドラフト会議【＃にじさんじ甲子園】」(https://www.youtube.com/watch?v=6vF87rFYmR4)（最終閲覧日：二〇二三年十一月二日）。

63 詳しくは次の動画を参照されたい。レオス・ヴィンセント／Leos.Vincent【にじさんじ】「【＃にじさんじ甲子園】私たちが 楽園村立まめねこ高校 !!【レオス・ヴィンセント】」(https://www.youtube.com/watch?v=PziyUxLBCOY)（最終閲覧日：二〇二三年十一月二日）。また、その後バッテリーを組む相手として抜擢されたのが樋口楓さんであり、彼女がサロメさんと同じく「ですわ」という口調を時折用いることから、二人のバッテリーはやがて「ですわバッテリー」と呼ばれることになる。こうした縁がきっかけとなり、「ですわバッテリー」の二人は後に野球ゲームでコラボを行うことになった。これは、壱百満天原サロメさんが自身のチャンネルで行った初めてのコラボ配信である（なお、レオス・ヴィンセント監督も声だけ参加することになった）。壱百満天原サロメ／Hyakumantenbara Salome「【お野球】お野球致しますわよ！！！【樋口楓さま　レオス・ヴィンセントさま】」(https://www.youtube.com/watch?v=SvE8YuQ7RJM)（最終閲覧日：二〇二三年十一月二日）。

64 なお、にじさんじ史上最大規模の同時接続数を記録した「にじさんじ甲子園」の決勝戦を経て栄えあるＭＶＰに選ばれたのは、二〇二二年七月二十八日に引退した黛灰さんである。詳しくは次の動画を参照されたい。にじさんじ「【＃にじさんじ甲子園　２０２２】エキシビションマッチ」(https://www.youtube.com/watch?v=L_f8iGg9YAY&t=0s)（最終閲覧日：二〇二三年十一月二日）。

65 例えば、葛葉さんは不破湊さんの「目」のパーツを選ぶ際に、どの「目」が最も不破湊さんのイメージに合うかを悩みぬきながら選択している。そうした監督たちの葛藤の様子を鑑賞者自身も目の当たりにすることによって、画像的なメイクビリーブへの心理的な参加の度合いはさらに強化されると言えるだろう。詳しくは次の動画の一時間十四分四十五秒から一時間十九分五十秒頃を参照。Kuzuha Channel「【パワプロ２０２１】神速始動【＃にじさんじ甲子園】」(https://www.youtube.com/watch?v=QT4a5oR7swY&t=0s)（最終閲覧日：二〇二三年十一月二日）。

66 こうした言語的および画像的なメイクビリーブが基になり、数多くの「ファンアート」が有志のファンによって描かれた（そしてそうしたイラストの数々がインターネット上で大変好評を博した）という点も「VTuber文化」の特性を考える上では重要である。

67 Watame Ch. 角巻わため「【Bus Simulator18】深夜バス！ぐっすりお眠りください♪【角巻わため／ホロライブ４期生】」(https://www.youtube.com/watch?v=UElH8izfZB4)（最終閲覧日：二〇二三年十一月二日）。

68 角巻わためさんのファンの総称。

69 こうした配信上の工夫がYouTuberなどの実写の配信者たちによって一切行われ得ないということを本章は主張したいわけではない。ただし、「アニメ文化」や「アイドル文化」など、様々な現代のカルチャーの結節点に生じた「VTuber文化」においては、配信活動の中でVTuberとファンとの繋がり自体が特殊な仕方でコンテンツ化される傾向にある（例えば日頃のファンとの関係性を自らのオリジナルソングに組み込むVTuberの事例は枚挙にいとまがない）という点は指摘される必要があるだろう。

70 羽継烏有さんのファンの総称。

71 こちらの動画の一時間二十一分二十一秒以降を参照されたい。Uyu Ch. 羽継烏有 - UPROAR!! -「【ネタバレあり】初見 リトルナイトメア／LITTLE NIGHTMARES【羽継烏有／＃アップロー／＃ホロスターズ】」(https://www.youtube.com/watch?v=v5rUUTJl9tQ)（最終閲覧日：二〇二三年十一月二日)。

72 姫森ルーナさんのファンの総称である「ルーナイト」の派生形。その他にも、「ダンナイト」、「トゥルーナイト」、「バブーナイト」といった多種多様な派生形が存在する。こうした言葉遊びと自己規定が密接に関連しているのは、メイクビリーブの実践とアイデンティティの構築が表裏一体になっているという事態を示していると言えるだろう。こうした点について、「自分についての認識を新たにすることは、メイクビリーブや様々な想像活動の基本的な機能である」(MM, 211)と述べるウォルトンの言は殊に示唆的である。

73 こちらの動画の一時間十三分二十一秒以降を参照されたい。Luna Ch. 姫森ルーナ「#02【夜遊び】〇ォーリーを探せ?!日本の伝説編なのら ~Hidden Through Time~【#姫森ルーナ/ホロライブ】」(https://www.youtube.com/watch?v=kg8zdmVvnUo)(最終閲覧日:二〇二三年十一月二日)。

74 こうした事態は、まさに松本が「その歌は緑の髪をしている」において「メイクビリーブの自走性」(二一七頁)という表現で言い当てようとしていた事柄とまさに軌を一にしているように思われる。

第五章　生きた芸術作品としてのVTuber

本書においては、これまで制度的存在者としてのVTuberの特性を分析する作業を行ってきた。まず第一章においては制度的存在者としてのVTuberが「VTuberとしてのアイデンティティ」を有するという点にフォーカスを当て、第二章においては、そうしたVTuberたちが身体的アイデンティティを欠いている状態についての解釈を行った。続けて第三章においては非還元タイプのVTuberのフィクション性および非フィクション性についての問題を取り上げ、第四章においてはそうしたVTuberの表象の二次元的ないし三次元的な性質について分析を行った。第五章において論じるのは、制度的存在者としてのVTuberが有する芸術作品としての側面である。VTuberとはそれ自体芸術作品として受容可能な存在であり、彼らが提示するコンテンツもまた芸術作品として鑑賞することが可能である——本章において提示したいのは、こうしたテーゼである。

まずは、「VTuberはしばしば美的に鑑賞される」という日常的な事態から議論を始めることにしよう。VTuberたちは――「骨折」などに代表されるトラブルが散見されるとはいえ――基本的に安定した姿を私たちに見せてくれる。穏やかな笑顔でライブ配信を続ける者は、基本的にずっとその柔和な笑顔を保ち続けるし、精悍な顔つきのままライブ配信を続ける者は、終始静謐な印象の表情を保ち続けることだろう。また、VTuberによっては複数の表情を切り替えることができる。先ほどまでにこやかな笑顔であったにもかかわらず、悲しいことが起こった際にその表情が悲しみに沈むようなときは、鑑賞者にとって大きな鑑賞ポイントの一つになるだろう。

また、今の話は2Dモデルを基本的に念頭に置いたものであったが、これが3Dのライブになったときは、さらに鑑賞ポイントが劇的に増えることになる。華美なエフェクトと共に歌い、踊るVTuberたちの姿は、まさに「芸術的」と形容することが可能な存在である。また、ライブでなかったとしても、VTuberたちが3Dモデルの姿で何らかの企画に挑戦する姿は非常に見ごたえのあるものである。なんとなれば、VTuberたちはどれだけ体を張った企画を行ったとしても、彼らの髪型や服装は（不具合や機材トラブルのときを除いて）崩れないからである。服装にシワ一つつかず、髪型の繊細な挙動が維持されているのは、鑑賞対象の魅力を底上げするポイントである。こうした観点から見れば、VTuberの活動の軌跡とも言えるアーカイブのページは、まさに「芸術作品」が展示されている博物館のようにも思えてくる。

さて、しかし、VTuberのことを「芸術作品」として捉えることは可能なのだろうか。VTuberの配信動画を「芸術的」と表現することは、日常にあふれる比喩表現に留まってしまうのだろうか。私たちが本章において問いたいのは、こうした問題である。ここで私たちは、「そもそも芸術作品とは何か?」という問いに直面することになる。ある物体が目の前に提示されたとき、その物体が「芸術作品」であるか否かという分岐点は、一体何によって定まってくるのだろうか。こうした問いに答えるためには、「芸術」の定義をめぐる論争史を振り返る必要があるだろう。また、もしVTuberを「芸術作品」として見なすことができたとして、それは「絵画」や「文学」といった典型的な「芸術作品」と同じような性質を持つものなのだろうか? おそらく違うだろう。ライブ配信や継続的な動画投稿を中心的に行うVTuberは、これまで人々によって鑑賞されてきた典型的な「芸術作品」とは大きく異なる性質を持つはずである。しかし、それは具体的にはどのようなものなのか。

本章においては、こうした問題提起を念頭に置きつつ、「VTuberとはVTuberと鑑賞者によって共同で制作される、ハイブリッドな形式を持つ生きた芸術作品である」というテーゼを提示することを試みる。本章の構成は以下である。まず第一節においては、「VTuber」という存在が一体どのような意味で「芸術作品」であるのかを論じるために、芸術の定義論について概観した後に、有力なアプローチとして「制度説」と呼ばれる立場を採用する。次に第二節において、VTuberが提示する作品が、多くの場合鑑賞者との共同的な制作によって成り立っているという点を論じていく。最後に第三節において、芸術作品としてのVTuberという存在と接することによって鑑賞者のアイデンティティがいかに変容するのか、さらに、鑑賞者との人格的交流を通してVTuberのアイデンティティがいかに変容するのかという点について論じる。

鑑賞者と共に制作される「生きた芸術作品」としてのVTuberという在り方に焦点を当てる本章は、様々な文化的潮流が合流する中で成り立っている「VTuber文化」の特質を明らかにすることに貢献するはずである。また、様々な要素が複合することによって構成される制度的存在者としてVTuberを論じてきた本書は、VTuberの芸術作品としての側面に光を当てることで、本書が描き出したい「VTuber」像を一通り提示することができるだろう。

第一節　「芸術形式」としてのVTuber

さて、まず考えなければならないのは、「VTuberを芸術作品として捉えることは可能なのか」という問題である。この問いに答えるために、私たちはまず「芸術とは何か」という根本的な問題について考えていく必要がある（1．1）。芸術の定義をめぐる論争を概観したのちに、本章が採用するのは「制度説」と呼ばれる見解である。続けて、ビデオゲームを芸術形式として論じる松永伸司の議論をモデルケースとして参照しつつ（1．2）、ハイブリッドな芸術形式としてのVTuberの特質について論じていくことにしたい（1．3）。本節においては、芸術定義論における制度説を採用した上で、VTuberが芸術であるか否か（そして芸術であるならば、どのような種類の芸術なのか）について論じることを試みる。

1．1　「芸術」の定義をめぐる議論

芸術哲学においては、伝統的に「芸術とは何か」（言い換えれば「何が芸術作品でありえるのか」）という問いが探求されてきた。そこで、まず1．1において芸術の定義をめぐる議論の要点を（本章の問題設定にとって必要な限りで）取り出し、本節の議論を行うための準備を行うことにしたい[1]。

芸術の定義をめぐる議論を整理するために、まずは「単純な機能主義（simple functionalism）」と「反本質主義（antiessentialism）」の対立から確認していくのが分かりやすいだろう。「単純な機能主義」とは、芸術作品の中に内在する何らかの機能（例えば何らかの事物を模倣したり、美的な経験をもたらしたりといった機能）によって「芸術」を定義しようとする立場である。それとは反対に反本質主義とは、芸術の定義を構成する必要十分条件などは存在せず、「芸術」を定義する試みの一切がそもそも不可能であると主張する立場である。歴史的には、前者の立場が二十世紀半ばまで支配的であり、一九五〇年以降は後者の立場が盛んに主張されるようになった。こうした議論の推移はどのように行われたのか。後者の立場は

いかなる意味で妥当性を有するのか。こうした点を簡潔に確認していくことにしたい。

「単純な機能主義」には、例えば「模倣説」、「表現説」、「形式主義」といった立場が含まれるが、ここではその中でも「美的機能説」について紹介する。美的機能説とは、ある作品が「美的なもの（the aesthetic）」を私たちにもたらす機能を有しているか否かという観点から芸術を機能する立場である。「美的なもの」とは、例えば対象が提示する感覚的な特徴や想像上の世界を鑑賞することによってもたらされる（他の目的に従属しない）意義深い経験（「美的経験」）や、そうした美的経験を実現するために作品内に備えられた性質（「美的性質」）、そして上述したような美的経験や美的性質に専ら向けられる関心（「美的関心」）のことなどを指す。そして美的機能説に立つ論者は、ある作品が美的経験を私たちにもたらしたり、私たちの美的関心を満足させたりするような機能を有しているならば、その作品が「芸術作品」たりえると論じる。[2]

だが、こうした美的機能説には二つの弱点があるとロバート・ステッカーは述べる。例えば今日「芸術作品」として受け入れられている作品群は、必ずしも美的経験を鑑賞者にもたらしたり、美的関心を満足させたりするような美的性質を有していないのではないか？　分かりやすいのはダダイズム、コンセプチュアルアート、パフォーマンスアートといった芸術運動の中で生み出された作品群である。例えばマルセル・デュシャンの『泉』のような例は、私たちに何か特有の美的経験をもたらしてくれるのであろうか？　こうした前衛的な芸術作品を見ると、美的機能説は芸術の必要条件を特定できていないように思われる。さらに、もし仮に美的機能説を採用した場合、私たちは美的性質を有するようなあらゆる人工物を「芸術作品」として受け入れてしまうことになるのではないだろうか？　例えば鑑賞者の美的関心を満たしてくれるような特徴を有する衣服を（実際に着用を目的とせずに）購入した場合、その衣類は「芸術作品」になってしまうのではないか？　しかし一般には、衣類は芸術作品としては見なされていないだろう。このように、芸術作品ではないと思われる多数の人工物を「芸術作品」として含んでしまうという点において、美的機能説は芸術の十分条件を特定できていないように思われる。つまるところ、前衛的な芸術運動の存在や、より多様で魅力的な人工物があらゆる領域において制作・販売されているという事実が、美的機能説を素朴には維持し難い立場にしているのだ。

さて、こうした状況を受けて次第に優勢になってきた立場が、反本質主義である。反本質主義とは芸術を定義する一切の試みが見当違いなものであると論じる立場である。この立場の代表的な論者であるモリス・ワイツは、一九五六年の論文「美学における理論の役割（*The Role of Theory in Aesthetics*）」の中で次のように述べる。「芸術は、その概念の論理が示すように、いかなる必要かつ十分な性質の集合も持たない。したがって、芸術についての理論は論理的に不可能なのであり、たんに事実上困難であるということではない」（Weitz 1956, p. 28）[3]。ワイツはウィトゲンシュタインの『哲学探究』における「ゲーム」の議論を引き合いに出しつつ、

「芸術」とは「開かれた織物状の組織（open texture）」（Weitz 1956, p. 31）であると述べる。ワイツにとって「芸術」とは、「いかなる共通の性質もなく、ただ類似性のより糸しかないのが見て取れる」（Weitz 1956, p. 31）ものに他ならない。また、芸術を閉じた概念として定義してしまうことは、「諸芸術の内にある創造性の条件」（Weitz 1956, p. 32）を締め出すことに繋がる。ここでワイツは、「芸術が持つまさに拡張的で冒険的な性格が、その絶えまない変化と新たな創造が、何らかの定義的性質の集合を保証することを論理的に不可能にしている」（Weitz 1956, p. 32）という点を強調しているのである。美的機能説にとって躓きの石となった前衛的な芸術運動を想起するならば、私たちは反本質主義の見解に一定の妥当性がある点を確認することができるだろう。

だが、こうしたワイツの見解に異議を唱えるのがジョージ・ディッキーである。ディッキーは芸術の定義論が次のような展開を示してきたと整理する。すなわち、芸術の必要十分条件を定義しようと試みられてきたのが第一期であり、そのような芸術の定義が不可能だと（とりわけワイツによって）主張されたのが第二期である。そして、第一期に見られる伝統的な定義の難点を避けつつ、かつ第二期の反本質主義的な立場をも乗り越えようと試みるのがディッキーの立場（第三期）なのである。ディッキーが提示するのは、「アートワールド」（「制度」ないし「ある確立された実践」）の観点から「芸術」を説明するという立場（「制度説」）である。ディッキーは「芸術作品」を次のように定義する。

分類的意味における芸術作品は、（1）人工物であり、かつ、（2）それが持つ諸側面の集合が、ある特定の社会制度（アートワールド）の代表として行動するある種の人ないし人々をして、当の人工物に対して鑑賞のための候補（a candidate for appreciation）という身分を授与せしめた、そうしたものである。（Dickie 1974, p. 34）[4]

まずディッキーは芸術作品が人工物であると定める。そして、単に「人工物である」というだけでは、ホッチキスやハンマーの類いまでもが芸術作品に含まれることになってしまうので、（2）の条件が求められることになる。すなわち、（絵画、文学、音楽などの）様々なアートワールドシステムの内部にいる人々によって「鑑賞候補としての資質を備えている」という評価を授与された人工物こそが、芸術作品として定義されるのである。[5] そして、アートワールドのコアメンバーとしてディッキーが考えているのが、芸術家、プレゼンター（例：舞台監督や舞台俳優等）、そして鑑賞者（「常連客」）である（Dickie 1974, p. 36）。こうした人物たちによってアートワールドが構成された後に、「新聞記者」、「芸術史家」、「芸術理論家」、「芸術哲学者」といった人物もアートワールドの構成員に含まれることになるとディッキーは述べる。

読者の中には、一体こうしたアートワールドの存在をどのように確認することができるのかと訝る者もいるかもしれない。この点について、ディッキーは次のように述べる。

アートワールドの内部で身分を授与すること、という観念はあまりに曖昧だと感じる人もいるだろう。（中略）権力行使と範囲を特定することにアートワールドにおいて対応するようなものは、どこにも成文化されていないし、アートワールドがその職務を果たすのは、慣行に従う実践のレベルにおいてである。そうだとしても、ある実践は存在するのであって、そしてこの実践がある社会制度を定義するのである。（Dickie 1974, p. 35）

確かに、アートワールドなる存在が明記された仕方でこの世界に存在するわけではない。そこには明確な境界線があるわけでも、構成員のリストがあるわけでもない。だが、何らかの作品群を特定の基準から「芸術作品」として評価する諸実践は、現に存在しているのである。そして、こうしたアートワールドの構成員に対して提示され、その結果「鑑賞の候補という身分」を授与された人工物こそが「芸術作品」であるとディッキーは主張した。こうしたディッキーの議論は、一切の芸術作品の定義は不可能であると断じる反本質主義の立場を乗り越えつつも、作品に内在する機能だけではなく、作品の外部に存在するアートワールドの実践の観点を導入することで芸術作品を定義するという意味で、単純な機能主義の難点をも克服しようとするものであった。[6]

さて、本書においては、こうしたディッキーの立場に代表される「制度説」を芸術の定義論の中で採用することにしたい。「芸術とは何か」という普遍的な問題に一定の回答を与える「制度説」という考えは、「VTuberを芸術作品として捉えることは可能なのか」という問いに答えるための有力な視座を与えてくれるからである。

1．2 「制度説」からVTuberを考える

1．1においては、芸術の定義をめぐる議論の歴史的展開について概観し、制度説的な視座を得ることができた。1．2においては、ビデオゲームを芸術形式の一つとして論じた松永伸司の議論をモデルケースとすることで、VTuberを一つの芸術形式として論じるための筋道を獲得することにしたい。

松永は「ビデオゲームは芸術か」という問いに答えるために、制度説的な見解に近い立場から「芸術作品」を定義している。

芸術作品の定義：芸術作品とは、それがそれとして位置づけられる慣習内で芸術的受容の対象と見なされている人工物のことである。[7]

松永は「慣習」という語を説明するのに、いくつかの留保をつけつつ「アートワールド」というディッキー由来の概念を採用する。[8] 人々はアートワールドの内部で、現にビデオゲームを

芸術的に受容している。（実際の芸術的な受容は各アートワールドの内部で異なると指摘しつつも）「芸術的受容」ないし「芸術的評価」の大まかな特徴について、松永はそれぞれ、（1）受容の対象の同一性がしばしば問題になる、（2）当の受容対象が属する「提示形式」[9]に特有の特徴が何であるかがしばしば問題になる、（3）受容対象やその性質について評価・分析・解釈するための語彙が相対的に充実している、（4）しばしばサブジャンルが細分化していく、という四つの点を挙げる。そして、制度説的な見解に立ちつつ、松永は次のように述べる。

ビデオゲーム作品の受容慣習では、音楽作品や映画作品の受容慣習と同様に、これらの［芸術的評価をめぐる］現象が顕著に見られる。多くのビデオゲーム作品が芸術作品であると言えるのは、その作品を受容する慣習が、こうした指標を十分すぎるほど満たすからである。そして、ビデオゲームが芸術形式であると言えるのは、そうしたアートワールドに向けて作品を作る際に、ビデオゲームという提示形式が意図的に選択されうるような慣習が成り立っているからである。[10]

ここでポイントを取り出すならば、次の二点である。一つは「ビデオゲーム」に関する豊かな芸術的評価がアートワールド内部において実際になされているという点、そしてもう一つが、そうしたアートワールドに向けて提示されることが目的とされた提示形式（すなわち「ビデオゲーム」）の作品が制作されているという点である。１．１において見たように、「芸術とは何か」という伝統的な問いに対する立場は非常に多岐に渡っている。だが、制度説的な見解に立つ限り、ビデオゲームは絵画や音楽と並ぶ芸術形式の一つに他ならないのである。

さて、こうした議論と類比的に「VTuber」について考えることが可能である。このことは、さしあたりの「指標」として提示された上述の芸術的評価の項目に当てはめても明白である。

（1）まず、受容の対象としてのVTuberはしばしば「同一性」が問題にされる。例えば、VTuberの新たな２Dないし３Dモデルが公開される際（いわゆる「新衣装お披露目」において）、今までとは雰囲気や体格（年齢）が大きく異なる姿が公開されたとき、そのVTuberの同一性が問題になることがある（そうした問題を回避するため、VTuberの同一性を大きく傷つけてしまうようなモデルの変更は基本的には行われない）。また、VTuberはしばしば自らのグッズを販売するのであるが、その際に作画を担当したイラストレーターによっては、その表情や雰囲気がかなり異なる仕方でグッズ化されたりもする。こうしたときに、「これは同じキャラクターと言えるのだろうか？」という問いが鑑賞者によって投げかけられることはあり得る。こうした点は、芸術的評価の一点目に該当するものである。

（2）次に、VTuberによって提示されるコンテンツは、しばしば「VTuberならでは」（当の提示形式に特有の特徴）という評価基準でもって鑑賞されることがある。例えば、３Dモデルを一瞬で切り替えながら、華美なエフェクトの中でライブを行うといった姿は、最先端のコンピューター・グラフィックス技術を配信活動の為に用いているという意味で、「VTuberならでは」と言うことはできるだろう。こうした特有の特徴に焦点をおいた評価がしばしばなされるという点は、芸術的評価の二点目に該当するだろう。

（3）また、VTuberの特性を言語化するという取り組みは各種SNSで盛んになされ、そうした取り組みが結実した象徴的な事例として、二〇一八年の『ユリイカ』（青土社）刊行や、二〇二一年八月から続く『VTuberスタイル』（アプリスタイル）の存在を挙げることができる。そこでは、VTuberの多様な性質について様々に議論がなされたり、VTuberが提示する画像や動画の美しさについて紹介されていたりするのだが、こうした取り組みが現になされているという点は、前述の芸術的評価の三点目に該当するだろう。

（4）最後に、VTuberは現在進行形で様々なサブジャンルが生み出されている存在である。キズナアイさんがデビューして以降、様々なタイプのVTuberたちがデビューし、その外延を確定するのが困難であるほどに多様なVTuberたちがデビューを果たしていった。そうした多様性を、第一章においては三つのタイプに分類したのだが、こうした分類はあくまで暫定的かつ便宜的なものであり、日々VTuberは自らのジャンルの枠組みを超え出ていくような創造的な活動を行っている。さらに「VTuber」概念からの派生として、「AITuber」（AIのVTuber）なるVTuberのジャンルが生み出された現象も興味深い。こうした点を考慮するならば、芸術的評価の四点目も十分に満たされていると言うべきであろう。

こうした芸術的評価の実態に目を向けるならば、すでに「VTuber」を主題にしたアートワールドは私たちの社会の中で成立していると言えるだろう。そして制度説的な立場を取るならば、私たちは次のように言うことができるのである。すなわち、こうしたアートワールドに対して、VTuberという提示形式が意図的に選択されて作品が創られる慣習が現に存在するという意味において、VTuberは芸術形式の一つに他ならないのである、と。

1.3 ハイブリッドな芸術形式としてのVTuber

1.2においては、制度説的な立場を取ることによって、VTuberを芸術形式の一つとして捉える筋道を獲得した。1.3においては、VTuberがハイブリッドな芸術形式であるという点を論じることにしたい。

前述したように、VTuberを主題にした芸術的評価および受容はすでに様々な形で実践されている。だが、VTuberに関する芸術的評価が多様になるのは理由がある。というのも、VTuberによって生み出されるコンテンツは（VTuberの身体を含め）、様々な芸術形式が複合的に組み合わされることによって成立しているからである。十八世紀以来、伝統的に芸術形式として理解されてきたのは、絵画、彫刻、建築、詩、文学、音楽、演劇、ダンスといったものであった。さらにそこから歴史が下り、写真、映画、漫画なども芸術形式として受容されることになった。そしてVTuberのコンテンツを検討する際に興味深いのは、こうした様々な芸術形式が組み合わされる仕方で、VTuberの作品が生み出されているということである。
まずはVTuberの身体について考えてみたい。典型的なVTuberの外見は、まず漫画家やイラストレーターによって作画されることを通して生み出される。しばしば彼らは日本語圏におけるアニメ文化や漫画文化の画風に親しんでいるので、そうしたイラストレーターによって描かれたVTuberの姿も、自然とアニメや漫画のキャラクターのような容姿を付与される。このように、VTuberは存在の成立過程からして「絵画」的な芸術形式の要素を有していると言える。これは、実写的な仕方で活動をする「YouTuber」などの配信者と大きく異なる特質である。

また、VTuberを創造するクリエイターはイラストレーターだけではない。そのイラストに挙動および移動の可能性を与えるLive2Dモデラーや3DCGモデラーもまた重要なクリエイターである。こうしたモデラーによって一枚のイラストは２Ｄモデルを獲得し、配信者と身体的に連動する行為主体（VTuber）が成立するに至る。そして、モーションキャプチャーを通じて動く２Ｄモデルは、言わば「動く絵画（moving picture）」に他ならない。業界の言葉遣いを用いるならば、まさに「二次元のキャラがまるで三次元のように動く」[11]のが、２Ｄモデルの魅力なのである。さらに、こうしたモデルが３Ｄになったならば、それはもはや「動く絵画」を超えた立体的な質感を持つ存在へと高められることになるだろう。

元よりVTuberという存在は、YouTubeをはじめとした各種配信プラットフォームで様々な動画投稿やライブ配信を行う実践に、上述した2Dないし3Dモデルが付与されることによって成立した活動形態である。[12] このように、いわゆる漫画やアニメ、ライトノベルなどに代表される「二次元文化」と、ある種の「ストリーマー文化」の二つが（それぞれVTuberの外見と活動内容のレベルで）組み合わされるという点に、VTuberの基本的なハイブリッド性を見出すことができるだろう。

それだけではない。VTuberの身体にハイブリッド性があるのみならず、VTuberが提示する配信動画にもハイブリッドな性質を見出すことができる。典型的なのは、しばしば目玉イベントとして開催される「3Dライブ」である。VTuberたちの華麗なステージを目の当たりにしたとき、私たちはそこに「音楽」や「ダンス」といった芸術形式を見出すことができる。さらに、3Dライブがまとまった時間の映像作品として披露されることを考えるならば、「3Dライブ」はさながら「映画」[13]の如き存在である。また、VTuberが鑑賞者にスクリーンショットを撮影することを求める点を考慮するならば、こうした3Dライブは「写真」の芸術形式の観点から捉えることもできるだろう。

もちろん、3Dライブほど大規模なイベントは日常的に行われるとは限らない。だが、VTuberたちは日頃の配信活動において、様々な芸術形式を活かしながら自らの作品を生み出している。例えば「歌枠」において、VTuberたちは既存の楽曲を歌ったり、自身のオリジナルソングを歌ったりする。VTuberの「歌枠」を鑑賞する鑑賞者は、「絵画」（VTuberの容姿）

と「音楽」（VTuber の歌う楽曲）双方の要素（およびそれらによって生み出される複合的な映像作品）を鑑賞していると言える。

また、今日の VTuber がしばしば日常的に行う「ゲーム実況」は、元より私たちに複合的な芸術的受容を可能にさせる活動である。ゲーム実況においては、まず「虚構世界」を提示するビデオゲームの映像（すなわち「再生芸術」としての側面）が人々に鑑賞されることになる。だが、実際に VTuber がビデオゲームをプレイすることによって、ゲームメカニクスと相互に干渉し合うゲームプレイ（すなわち「上演芸術」としての側面）を人々は鑑賞することになる。さらにゲーム実況においては、ここに VTuber の「語り」が乗せられる。そうした「語り」は、ビデオゲームの内容に関連した「ボケ」や「ツッコミ」だったり、ビデオゲームの物語に対する真剣な評価や考察だったりする。そうした VTuber の語りが配信動画に乗せられることによって、ビデオゲーム作品はさらに魅力ある仕方で上演され、そして再生されるのである。さらに VTuber によるゲーム実況の場合、それ自体（２Ｄや３Ｄといった形で具体化される）「絵画」的な性質を有する VTuber が配信画面に重なることによって、私たちは「動く絵画」としての VTuber の反応を（ビデオゲームの画面とシームレスに重ねて提示された配信画面上で）楽しむことができる。すなわち「VTuber のゲーム実況」というジャンル自体が、複合的な芸術形式の提示の実践を示しているのである。[14]

VTuber に独自の魅力は、漫画家やイラストレーター、また Live2D モデラーや 3DCG モデラーたちによって制作された身体を用いて様々な配信活動を実践しうるところに存する。まずもって、制作された身体を用いて様々な振る舞いや仕草を行うVTuberは、その存在自体が芸術性を有する（すなわち芸術的受容の対象となり得る）ものである。言い換えればVTuberとは、自らの立ち居振る舞いがその都度「作品」として具現化するような存在者なのである。こうした意味で、VTuberとは芸術作品を生み出す「芸術家」であると同時に、自らが「芸術作品」そのものであるという二重の身分を持つ存在であると言えるだろう。[15]

さらに、VTuberは、各芸術形式を多様な仕方で組み合わせることによって様々な（ライブ配信および投稿動画を含む）配信動画を「作品」として世に提示する。VTuberはしばしばゲーム実況、歌枠、３Dライブといった多様な配信活動を行うが、こうした多種多様な活動形態が、そのままハイブリッドな芸術形式としてのVTuberの映像作品を構成しているのである。

さて、以上の考察から、私たちは「VTuberは芸術作品として捉えることは可能なのか」という問いに対して回答を与えることができる。本節において検討してきたように、VTuberはハイブリッドな芸術形式の観点から捉えることが可能である。そして、自らの身体に「絵画」的な芸術形式の特質を持つVTuber自身や、彼らによって世界に生み出される多様な配信動画は、まさに制度説的な観点から「芸術作品」として捉えることが可能なのである。[16]

第二節　共同制作されるVTuber——鑑賞者からの働きかけ

前節においては、芸術の定義論の歴史的展開を概観しつつ、ハイブリッドな芸術形式としてのVTuberの特質について論じた。そして私たちは制度説的な観点を取ることで、VTuberの動画を芸術作品として捉える筋道を得ることができた。

さて、今日の「VTuber文化」において顕著なのは、こうしたVTuberの作品が制作されるのに、鑑賞者自身が大きな役割を担っているという点である。VTuberの作品はVTuberと鑑賞者の共同制作によって生み出されているのである。それでは、鑑賞者（とりわけVTuberに対し愛着を抱いているという意味で「ファン」）がどのような仕方で共同制作に関与するのか。その点を本節においては次の四つの観点——ライブ配信におけるコメント（2．1）、タイムスタンプ（2．2）、切り抜き動画（2．3）二次創作作品（2．4）——から論じていくことにしたい。

2．1　「共同創作」としての「コメント」および「スーパーチャット」

ライブ配信をメインに行うVTuberの場合、チャット欄に流れるコメントが重要な役割を果たすのは言うまでもない。ライブ配信を行う場合、基本的にVTuberはチャット欄に流れるコメントを読みながら配信活動を行っている。それはときにVTuberを励ます言葉だったり、VTuberのゲームプレイに対するアドバイスだったりする。[17]各種プラットフォームにおいてある程度コメントの雰囲気の違いはあるが、こうした構造は、「YouTube」というプラットフォームのみならず、「ニコニコ動画」や「ツイキャス」、「Twitch」などでも同様である。こうしたコメントはVTuberのライブ配信を共に作り上げることに貢献する。この種の具体例はそれこそ（プラットフォームの差異や企業に所属しているか否かにかかわらず）枚挙にいとまがない。VTuberが鑑賞者に対して質問をして、それに対して返答のコメントがチャット欄を一斉に覆う（そしてそれを見てVTuberがさらに配信を盛り上げていく）というのも日常茶飯事である。ライブ配信という機能自体が双方向性を備えているものではあるが、今日のVTuber文化は、特にこうした双方向性を活かす配信形態を取っていると言えるだろう。

他にも、「スーパーチャット」の機能を使って鑑賞者が大喜利をするという事象もよく見られる。例えばにじさんじのイブラヒムさんは、スーパーチャットが投げられた際に、「いよぉー」という歌舞伎の掛け声（さらに「ポン」という効果音）の後に、そのコメントが合成音声によって読み上げられるというソフト（「棒読みちゃん」）を使用している。これによって鑑賞者からの応援コメントが聴覚的にも受容できるようになるのだが、この淡々と喋る合成音声のシュールさを活かして、鑑賞者が「遊び」を行うようになった。例えば、イブラヒムさんに対して「コブラヒュム」と名前を間違えてみたり、それに対して「プリマハムだぞ、みんな間違えすぎや」とスーパーチャットを送り、イブラヒムさんが「みんな間違えてるってかお前も間違えてるんだよね」とすかさずツッコミを入れたりするといったやり取りが見受けられた。[18]

合成音声という特性を活かし、スーパーチャットでライブ配信の内容とは全く関わりのないコメントが打たれるという事象も見受けられた。[19] 例えば、ライブ配信中のイブラヒムさんに対して「ＥＴＣカードが残っています」、「20m先交差点右方向です」とカーナビゲーションのようなスーパーチャットが送られたり、「すみません、よく分かりません」とSiriのようなスーパーチャットが送られたりしたというのがそれである。[20] これに対してイブラヒムさんは「ナビなんだよね、ナビに使わないでほしいね」、「Siriなんだよね、それ」と反応し、視聴者たちに対してツッコミを返し続けていた。

このように、鑑賞者がスーパーチャットの機能を用いて大喜利を行い、それに対してVTuberがツッコミを行うという構図は広く見られるものである。イブラヒムさんのようにスーパーチャットの読み上げ機能を導入しているのは珍しい事例かもしれないが、それでもこうした「ボケる視聴者」と「ツッコむVTuber」という構図は数多く確認できるであろう。

こうした関係が逆転する事例も幅広く見受けられる。ホロライブの宝鐘マリンさんは「大体17歳[21]」という自身のプロフィール文に起因する「年齢ネタ」を駆使しており、未成年らしからぬ昔の歌を歌枠で選曲したり、「古」のインターネット文化のネタを披露したりすることで視聴者からのツッコミを誘発している。そして、自身の年齢を若く見せようとする宝鐘マリンさんに対して視聴者が「きっつ」[22]というコメントを打つこともしばしばである。[23]このように、「ボケるVTuber」と「ツッコむ視聴者」という構図も、上述の例と同じくらい枚挙にいとまがないと言えるだろう。ライブ配信における観賞の見どころは、このようにVTuberと視聴者の掛け合い（一種の共同制作）によってリアルタイムに生成されるのである。

また、こうした共同制作は、ニコニコ動画においても類似の仕方でなされている。ニコニコ動画は、投稿された動画に対してコメントを打つと画面上で右から左にそのコメントが流れるという仕様なのであるが、これによって、違うタイミングで観ている鑑賞者たちがまるで同時に鑑賞しているかのような感覚を得ることができる。これによって、例えばだんだん物騒な言動が多くなってくる電脳少女シロさんの『PUBG: BATTLEGROUNDS』[24]配信に対して「軍用イルカ」、「戦闘AI」といったコメントが並んだとき、あたかも一斉に視聴者たちがツッコミを行ったかのような状況になるのだ。このようにニコニコ動画においては、鑑賞者がすでに制作された動画に対して「ツッコミ」を添えていくという仕方で、実際の鑑賞対象としての動画の制作に（広い意味で）関わっていると言うことができるだろう。

2.2　物語の目次としての「タイムスタンプ」

「タイムスタンプ」とは、「YouTube」のコメント欄で例えば「01:00」と打ち込むと、一分〇〇秒の位置から動画を再生することができるという機能（そしてその際、どんなことがあったのかの説明を添えることができる仕様）である。ライブ配信が主流になったVTuber文化においては、一回のゲーム実況が六時間から八時間を超えることも多く、とてもではないが、あらゆるVTuberのすべての配信を等速で追うことはできない。だからこそ、VTuberの動画（投稿された動画とアーカイブに残されたライブ配信の両方を含む）を開いたときに、そこにタイムスタンプが打たれていると鑑賞者にとっては非常に便利なものになるのだ。

ライブ配信とは、結末の定まっていない不揃いな物語である。断片的で、散逸しがちなその物語の数々が、一人のVTuberの歴史を形作ることになる。[25] ホロライブの白銀ノエルさんは、しばしばライブ配信のことを「筋書きのないドラマ」[26]というふうに表現するが、まさにライブ配信の特徴を端的に言い当てた言葉であると言えるだろう。こうした筋書きのないドラマに対して、ある種の「目次」を編集・作成する行為が「タイムスタンプ」を打つということに他ならない。

例えば、VTuber文化においては「凸待ち」配信というジャンルが有名である。VTuber文化における「凸待ち」とは、ボイスチャット機能がある「Discord」を用いて、ライブ配信中に誰かから突然通話がかかってくることを待つという配信内容である。これは普段のライブ配信よりも不確定要素（例えばどのタイミングで誰が来てくれるのか、そして来てくれたとして何の話をするのか）が強く、「チャンネル登録者数〇〇万人記念」など、何らかの記念すべきタイミングで行われることが多い。そして、これとは逆に、自分から誰かに突然通話をかけてライブ配信で話をしてもらうというスタイルが、いわゆる「逆凸」と呼ばれるものである。にじさんじの不破湊さんは二〇二二年二月十九日に、「逆凸」を五十人に対して行うという超長時間配信を行った。[27] こうした長時間の動画は、（いくら画面上に通話に応じてくれた人たちの名前が表記してあると言っても、）どのタイミングで、誰と通話をしたのかということをすぐに知りたい鑑賞者にとってはつらいものである。

こうしたときに、タイムスタンプが非常に有用なものとなる。「YouTube」のコメント欄を少し探せばすぐに見つかるのであるが、この動画においても「誰がどのタイミングで来たのか」を記したタイムスタンプが作成されている。そして、その名前の横に表記されている時間を押せば、すぐに該当時間に飛ぶことができ、自分が見たい人物と不破湊さんとの掛け合いを鑑賞することができるのだ。こうしたタイムスタンプが作成されているか否かでVTuberの（アーカイブ化された）ライブ配信の鑑賞のしやすさは全く変わってしまう。タイムスタンプがあるからこそ、「その配信がどのような雰囲気だったのか」をすぐに把握することができるのだ。

ライブ配信が「筋書きのないドラマ」であるならば、そこに付されたタイムスタンプとは「筋書きのないドラマに付けられた目次」に他ならない。どの場所で、誰が、どんな反応をしていたのか。そうした内容を事細かに記してくれるタイムスタンプは、筋書きのないドラマに対して「目次」を与えてくれる存在であると言えるだろう。

2.3　解説書としての「切り抜き動画」

2.2の冒頭において、アーカイブに残された一つの動画の時間が数時間という長時間配信になってしまった場合、タイムスタンプが非常に有用であるという話を述べた。これと同じか、それ以上に有用な働きをするものとして、「切り抜き動画」の存在が挙げられる。

切り抜き動画とは、基本的には数時間にわたるライブ配信の要点を編集し、それに多くの場合字幕や効果音などをつけて、元のライブ配信の魅力や見どころについてまとめた動画である。切り抜き動画の需要が高まったのは、VTuber文化において、動画投稿主流のスタイルからライブ配信主流のスタイルに切り替わってからである。「バーチャルYouTuber」というジャンルが国内で一気に有名になった起爆剤としてよく挙げられるのがニコニコ動画における「バーチャルYouTuberよくばりセット」であるが、これは元の動画の見どころをまとめたり字幕や効果音をつけたりといったものではなく、既存の動画を繋ぎ合わせて紹介を行っているだけの動画である。確かにこの動画シリーズによって国内のVTuber文化の振興が促されたという側面はあるだろうが、今日広く見られる「切り抜き動画」とはスタイルが大きく異なるものである。

切り抜き動画が活発に作られる「切り抜き文化[28]」が歴史的にどのように醸成されていったのかについての検討はさておくとしても、こうした切り抜き動画によって爆発的にVTuber文化がインターネットを中心に広まっていったという事実は疑いようがないだろう。特に強力なのはYouTubeにおける「おすすめ動画」の機能である。YouTubeのホーム画面を開くと、これまでの閲覧履歴から推測される「視聴者が好みそうなジャンルの動画」がYouTube側によって自動的に表示される。これは、利用者がひとたび何かの動画の「高評価」を押したり、誰かのチャンネルを登録したりすると、一挙にそれに関連する動画が「おすすめ動画」の欄に表示される仕様である。この機能が非常に強力で、一回でもVTuberに関する切り抜き動画を視聴すると、次回から同じ「切り抜き師[29]」が投稿している動画や、別の「切り抜き師」が投稿している動画が次々にお勧め表示されるようになる。切り抜き動画は、動画のサムネイルの時点で鑑賞者の関心を惹くものも多く、一回の時間も数分程度のものが多いので、一つの切り抜き動画を観ると、それに関連して表示されたおすすめの切り抜き動画を次々に観てしまうという状況も多い。ライブ配信が主流になったVTuber文化においては、こうした（長時間のライブ配信の見どころをまとめる）切り抜き文化の勃興と常に背中合わせの関係にあったと言うことができるだろう[30]。

VTuberに対して起こった出来事を調べるときに有用なのは、Webメディアの記事と並んで、やはり切り抜き動画である。日々切り抜き師によって投稿される切り抜き動画を追っていくだけで、話題になった出来事や最新のトレンドについて調べることができる。しかも切り抜き動画の中には、単に一つのライブ配信の動画を編集するだけでなく、ある発言の元ネタになるライブ配信の動画を繋ぎ合わせてくれたり、コラボ相手のVTuberの画面と併せて作成されたりするものもある。こうした動画は、あるVTuberの動画を鑑賞する際に求められる前提知識（文脈）を補完してくれるという意味で、ある種の「解説書」としての役割を果たすものである。[31] 例えばにじさんじの壱百満天原サロメさんやホロライブの宝鐘マリンさんには（自然発生的に生じた）専属の切り抜き師がついているが、彼女たちについて詳しく知りたい場合、こうした切り抜き師のチャンネルに行き、そこで投稿された切り抜き動画を観ていくのは有用な手法の一つである。確かに、切り抜き動画の数だけでも膨大な量になるので、すべての動画を観ることは難しいかもしれないが、投稿された切り抜き動画のタイトルとサムネイルを眺めていくだけでも、当該のVTuberの身に起こった著名な出来事について知識を蓄えていくことができるだろう。

　こうした切り抜き動画の在り様は、さながらある思想家や哲学書の解説書の如きものである。『ハイデガー『存在と時間』入門』や『ハンナ・アーレント「人間の条件」入門講義』といった著作があるように、例えば『月ノ美兎入門』、『兎田ぺこら入門』、『因幡はねる入門』といった「解説書」のような役割を切り抜き動画は担っている。もちろん個々人のVTuberだけでなく、あるVTuberグループの雰囲気や文脈の解説を行う切り抜き動画チャンネルも数えきれないほどある。短い時間の動画が集積されるという意味で、切り抜き動画もまた断片的な性格を避けることはできないが、それでも文脈を分かりやすく伝えた優秀な切り抜き動画がインターネット上に拡散されるという形で、それぞれのVTuberやVTuberグループの意義や魅力を伝える「解説書」が日々有志によって紡がれていると言えるだろう。こうした解説書の「書き手」は、まさにVTuber文化の魅力を書き記す「案内人」の如き存在である。そして彼らは、（比喩的な意味で）VTuberの解説書を執筆するという意味で、VTuberの魅力を伝えるコンテンツを共同で制作していると言えるのだ。

2．4　二次創作化される「二次創作」

本節の最後に論じるのはVTuber本人に使用されることを通して「二次創作」化される「二次創作」という論点である。

まず、「二次創作」とは、何らかのオリジナル作品の登場人物や世界観を用いる形で、一般の（オリジナル作品の制作に関与していない）クリエイターによって新たに創作された非公式の作品の総称である。例えば『アンパンマン』の登場人物を用いて、「実はアンパンマンとバイキンマンは相思相愛の関係にあった」というストーリーを創作したならば、それは「二次創作作品」と呼ばれる。

「二次創作」の歴史は長いが、VTuber文化との関連において特に指摘されるべきなのは、やはりニコニコ動画の存在である。とりわけ「東方Project」における（ガイドラインを設けた上での）二次創作の奨励や、「ボーカロイド文化」の普及といった数々の要素が相まって、在野のクリエイターたちが自分たちの作品をニコニコ動画というプラットフォームに投稿するという「ＵＧＣ」[32]の流れが促された。こうした「ＵＧＣ」の伝統に後押しされる形で、VTuberの鑑賞者がVTuberの「ファンアート」や「動画作品」を制作するという流れが非常に多く見られた。こうした二次創作が作られ、「Ｘ（旧Twitter）」や「pixiv」などのＳＮＳにハッシュタグと共に投稿されるという流れは、今日においてもよく見られるものである。

さて、こうした二次創作がVTuber本人によって配信動画の制作に取り入れられることがある。分かりやすい事例は「サムネイル」への使用だろう。サムネイルとは動画の言わば目印として表示される縮小された画像のことであり、このサムネイルが魅力的なものであればあるほど、インターネットの利用者がその動画を視聴する確率は上がる。そしてVTuberは多くの場合、ファンアート投稿用のハッシュタグをつけて投稿された画像を、自らの配信動画のサムネイルに使用している。[33]このように、初めは二次創作として制作された作品がVTuber本人によって使用されることによって「一次創作」化されることがあるのだ。

さらに、ファンアートの事例よりも数は減るが、目下のテーマで代表的な事例として挙げられるのがにじさんじの月ノ美兎さんのオリジナルイメージソング「Moon!!」である。[34]「Moon!!」は月ノ美兎さんが制作したオリジナル曲ではなく、あくまで彼女のファンが「月ノ美兎」をモチーフに作った楽曲であるが、月ノ美兎さんはこのファンメイドの楽曲を自ら歌ったり、自分のライブ配信のオープニングとして使用したりしたのだ。月ノ美兎さんは概要欄の中で「この曲と出会ったのは2018年の3月です。「にじさんじ」にとっても、わたくしにとっても、はじめてのオリジナル曲になりました。あれから2年が経ち、今では一言で言い表せないくらい、大きな想いが詰まった曲になりました！」[35]と述べており、まさに鑑賞者とVTuberが一体となってVTuberの映像作品を制作している様子を見て取ることができる。

また、「バーチャルYouTuber四天王」の一人であった輝夜月（かぐやるな）さんは、二〇一八年三月一日に「輝夜月の声真似を視聴者から募集する企画」を行った。[36]その動画の中では様々な視聴者が輝夜月さんの多彩な声真似を披露し、動画投稿後のコメント欄においても大変な賑わいを見せていた。また、それにさらに先立って、キズナアイさんは「スナック愛」の企画にて、視聴者からの悩みや愚痴を募集していた。[37]

こうした視聴者からのメッセージを配信内に取り込んでいくという動きは、現在においては、匿名のメッセージを受け付けるサービス「マシュマロ」を読むという配信スタイルとして引き継がれている。マシュマロを用いた雑談配信では、とりわけにじさんじ所属の剣持刀也さんや個人勢のしぐれういさんの事例が有名である。X（旧Twitter）やマシュマロを活用してVTuberと鑑賞者が交流を図り、そこから共同的にコンテンツを作るという取り組みは、VTuber文化においては非常に活発に行われているのである。

本節においては、鑑賞者がライブ配信において共同制作に関わる事例（2.1）、タイムスタンプを打つ形で共同制作に関わる事例（2.2）、長大なライブ配信を編集して魅力的な切り抜き動画を作るという形で共同制作に関わる事例（2．3）、そしてVTuberをテーマとした二次創作が一次創作化されるという仕方で共同制作に関わる事例（2．4）について論じてきた[38]。このようにライブ配信を通して紡がれる「VTuber」の活動の軌跡は、まさにVTuberと鑑賞者によって共同制作される芸術作品として形象化されるのである。

第三節　「生きた芸術作品」としてのVTuber――アイデンティティを変容させる「声」

これまで、第一節においてはVTuberを「芸術作品」として正当に見なすための道筋を検討し、第二節においては「芸術作品」としてのVTuberが鑑賞者と共同で制作される諸相について見てきた。最後に第三節においては、VTuberを「生きた芸術作品」として捉えるための道筋について検討する。確かに、VTuberは配信者とモデルが相互作用することによって生じる実在の行為主体であり、その枢要な要素の一つである配信者が実際に現実世界において苦楽に満ちた生活を送っているという観点から、VTuberが「生きている」と見なすのは容易かもしれない。他にも、VTuberがくしゃみをしたり、ライブ配信中に体を前後に揺らしたりするという非常に人間らしい動きをするところから「生きている」という評価が下されることも多々あるだろう。しかし本節においては、鑑賞者とVTuberが人格的な交流を行っているという点に着目することで、「生きた芸術作品」としてのVTuberの在り方を明らかにすることを試みる。あらかじめ述べるならば、VTuberは鑑賞者との人格的な交流の中で、鑑賞者のアイデンティティを変容させる一つの契機として働きうるのである。本節においては、リクール哲学における「倫理的アイデンティティ」(3.1)および「物語的アイデンティティ」(3.2)概念の観点から、いかにして鑑賞者がVTuberとの交流において自らのアイデンティティを変化させるのかについて検討する。そしてVTuberのオリジナル曲の分析を通して、鑑賞者とVTuberのアイデンティティが相互に影響を与え合う仕方で変容するという事態について論じる(3.3)。

3.1 鑑賞者の倫理的アイデンティティ

倫理的アイデンティティとは、(1)他者からの呼びかけに対して、(2)「私はここにいます(Me voici)」と応答し、かつ(3)そのような応答に連なる一連の行動を実践する義務を自らに課し、それを実践することで生起するアイデンティティである。こうした倫理的アイデンティティをVTuberの鑑賞体験に当てはめるとどうなるだろうか。

まず注目されるべきなのは、VTuberとは第一節・第二節において見てきたようにそれ自体芸術作品になりうるにもかかわらず、鑑賞者に対して「みんな」という仕方で呼びかけを行うということである。

初めは、VTuberを鑑賞するという行為は何気なくなされたものかもしれない。YouTube

やニコニコ動画を開いたときに、なんとなく「面白そうだから」、「かっこいいから」、「可愛いから」といった理由でVTuberの動画を観始めたのかもしれない。もちろん、こうした目的ありきでVTuberを観始めたのであれば、当のVTuberがそこまで面白くなかったり、喋り方や振る舞いに魅力を感じなかったりしたら、その鑑賞者は視聴することをやめるだろう。だが、だんだんそのVTuberの人格や人柄そのものに興味を持つようになると、「面白いから」、「かっこいいから」という理由だけでなく、そもそも「あなた（VTuber）が配信活動を行うから」その動画を観るという仕方で、決定的な変化が起こることがある。このとき、VTuberは快い体験を得るための単なる手段ではなく、観賞行為の目的そのものになるのだ[39]。

このように、手段ではなく目的そのものとなったVTuber（いわゆる「推し」）による言葉は、鑑賞者にとって決して無視しえない重要性を帯びることになる。例えば「自分のことをもっと応援してほしい」、「ついてきてほしい」、「推してほしい」という呼びかけに対して、鑑賞者はなんとか応答しようと試みることだろう。そうすると、鑑賞者は自分なりの仕方でそのVTuberを応援したり、推したりするようになる。例えば推しのVTuberの投稿を拡散したり、なるべくライブ配信に参加したり、グッズを買ったり、周りの友人たちに勧めるといったことをするだろう。他にも、例えばVTuberが「〇〇のような行為はやめてほしい」とお願いをするのであれば、鑑賞者はその言葉を記憶し、そうした行動をとらないように注意し、周囲に呼びかけを行うことであろう。

鑑賞者がVTuberによって呼びかけられるということ、そしてそうした「声」に対して応答する義務を鑑賞者が自らに課し、それを実践すること——こうした構造は、まさに前述した倫理的アイデンティティが成立するプロセスに他ならない。VTuberによって呼びかけられる鑑賞者は、人格的に信頼される存在として自己を示す必要性に駆られる。まさに、他者に信頼されるような責任ある人格として振る舞うことを、画面越しに求められるのである。

こうした倫理的アイデンティティをより強固なものにするのが、「ファンネーム」の存在である。ファンネームとは、VTuberを応援するファンたちの総称である。[40] 倫理的アイデンティティは、しばしばこうしたファンネームによって縁どられる形で生起する。例えば、角巻わためさんが「いつか武道館に立ちたい」[41]という目標を掲げているのであれば、そうした目標を彼女が達成できるように助力する存在として、鑑賞者は自らを理解することだろう。すなわち、「わためいと」としての自己理解を鑑賞者は獲得するのである。このように、「わためいと」として責任ある仕方で（インターネット上であるか否かを問わず）振る舞うという在り方は、まさにファンネームによって縁どられる形で生起する倫理的アイデンティティの在り様の一つであると言えるだろう。

3．2　鑑賞者の物語的アイデンティティ

続けて見ていきたいのは物語的アイデンティティである。物語的アイデンティティとは、簡

潔に述べるのであれば、ある一定の物語を生きる登場人物として自らを位置づけることで獲得される自己理解を指す。こうした物語的アイデンティティをVTuberの鑑賞体験に当てはめるとどうなるだろうか。

ここで焦点を当てたいのは、VTuberを継続的に鑑賞するようになった鑑賞者の人生物語の中に、VTuberとの出来事が織り込まれるという事態である。

今日のVTuber文化において、多くのVTuberは様々なプラットフォームで日々ライブ配信を行う。鑑賞者の中には、なかなかライブ配信に参加が出来なかったり、そもそもアーカイブに蓄積された動画を観るだけだったりと様々な鑑賞スタイルがあるだろうが、決して少なくない数の鑑賞者が日々VTuberのライブ配信に参加しているというのは周知の事実だろう。

こうした中で、初めは周辺的な意味合いしか有していなかった「VTuberを鑑賞する」という行為が、次第に日々の生活の中で中心的な意味を帯びていくようになる。ライブ配信が主流になった今日のVTuber文化においては、しばしば一人のVTuberの配信活動を追うだけでも大変な労力を伴う。仕事や学業で数日ライブ配信を鑑賞できなかっただけでも、往々にして、十時間を超える動画がアーカイブに蓄積されてしまっているのだ。その間に「この前話したことなんだけど……」とVTuberが話し出したとしても、一体いつの配信の、どこで発言していたことなのか、追っていなければ理解することができない。「筋書きのないドラマ」（ライブ配信）を中心に紡がれるVTuberの物語の全貌を理解するためには、多くの時間や労力をそこにかける必要があるのである。

VTuber のライブ配信（ないしアーカイブに蓄積された動画）を鑑賞するという習慣が身についた鑑賞者の人生物語は、次第に VTuber が紡ぐ物語と深い関わりを有するようになる。ライブ配信とは、鑑賞者の人生物語と VTuber の物語が合流する場に他ならない。二つの物語が重なり合うところにおいて、「私は……である」という自己理解に影響をもたらす鑑賞者の人生物語が少しずつ変容していくのである。例えば、ある VTuber の夢がソロライブを行うことだったとする。初めは YouTube のチャンネル登録者数やグッズなどの収益が芳しくなく、そうした夢が遠かった VTuber でも、長きに渡る活動を通して、そうした夢が叶うことがある。このとき、こうした VTuber の活動を応援していた鑑賞者の人生物語に対して、「自分が応援していた VTuber が夢を叶えた」という出来事が刻印される。ここでは、「ソロライブをするという夢を叶えた」という VTuber の物語がその内に含まれる形で、鑑賞者の人生物語に豊かな意味（自己だけでは実現し得なかった出来事）が付加されることになる。

「ずっと推していた VTuber が、やっと夢を叶えてくれた」、「これからも推しが夢に向かって頑張る姿を見守っていたい」――こうした過去と未来の時間軸を含んだ物語を語る存在として自己を理解するという構造は、まさに物語的アイデンティティが成立するプロセスに他ならない。もちろん、こうした議論は前述した倫理的アイデンティティと背反するものではなく、むしろ重なり合うものである。先ほどファンネームに縁どられる仕方で倫理的アイデンティティが生起するという議論をしたが、こうしたファンネームを背負う存在として「推し活」（VTuberを推すための活動を日々行うこと）に励む鑑賞者は、「推し活」を一つの中心軸にした人生物語を展開することになる。[42]

確かに、漫画やアニメ、映画を観る鑑賞者においても、その作品を鑑賞する行為を通してアイデンティティの変容が引き起こされることはあるだろう。しかしVTuber文化においては、VTuberからの直接的な呼び声（「みんな」）によって、さらには実際的なコミュニケーションを通してアイデンティティの変容が生じるという点で特色がある。こうしたアイデンティティ変容が「芸術作品」としてのVTuberによって引き起こされるという事態は、VTuber文化における看過し得ない特徴の一つであると言うことができるだろう。

3.3 VTuberと鑑賞者におけるアイデンティティの相互変容

これまで見てきたように、VTuberが語る「声」には、鑑賞者のアイデンティティを二つの観点――すなわち論理的アイデンティティおよび物語的アイデンティティの観点――から変容させる力が備わっている。しかし、アイデンティティの変容が生じるのは、決して鑑賞者の側だけではないのだ。アイデンティティの変容が生じる鑑賞者との人格的交流を通して、VTuberのアイデンティティが変化するという事態を見出すことができる。本節の最後においては、VTuberのオリジナル曲の分析を通して、VTuberと鑑賞者におけるアイデンティティの相互変容という事態を論じていくことにしたい。

まず見ていきたいのは、二〇二〇年七月三十日にＭＶが公開された宝鐘マリンさんの一曲目のオリジナル曲「Ahoy!! 我ら宝鐘海賊団☆[43]」である。この歌の歌詞には彼女と彼女のファンの関係性が明瞭な仕方で織り込まれている。

例えば、この曲の歌詞の一部を取り上げたい。

夢を見よう　この船で
後悔なんてさせない
キミたちのおかげで私は
船長になれるから

ここで歌われているのは、宝鐘マリンさんのファン（「一味」）がいるからこそ、宝鐘マリンさんが「船長」になれるという状況である。すでに第二節で見たように、今日のVTuber文化においては鑑賞者と作品を共同制作するという側面が非常に強い。そもそも「今はただの海賊コスプレ女[44]」である宝鐘マリンさんが「マリン船長」として「宝鐘海賊団」を率いていくためには、「一味」の存在が必要である。もちろん、海賊団を率いるリーダーがいなければ海賊団は機能しないのであるが、海賊団を構成するメンバー（一味）がいなければ、そもそも海賊団は海賊団として存在し得ないのである。ここに、ファンの存在ありきで宝鐘マリンさんが「マリン船長」として存在し得るという事態を見て取ることができる。

こうした構造は、宝鐘マリンさんの二〇二二年四月二十七日にMVが公開された三曲目のオリジナル曲「マリン出航！！」[45]として見事な形で結実した。このオリジナル曲のMVでは、宝鐘海賊団の船長として活躍する宝鐘マリンさんの姿が非常に美麗なアニメーションで描かれているのだが、ここにおいて、女性の一味や男性の一味が宝鐘マリンさんを取り巻く形で明確に描かれているのである。宝鐘海賊団において、宝鐘マリンさんがいなければ船長に率いられる一味も存在しないが、一味が存在しなければ、船長として皆を率いる宝鐘マリンさんもまた存在しない。すなわち、宝鐘マリンさんが「ただの海賊コスプレ女」から真の「海賊」の船長になるためには、船長に付き従う一味たちの存在が決定的に必要なのである。「キミたちのおかげで私は　船長になれるから」という言葉は、まさにこうした事態を示唆していると言えるだろう。

また、もう一つの楽曲を紹介したい。それはホロライブの姫森ルーナさんの一曲目のオリジナル曲「絶対忠誠♡なのなのら！」[46]である。「絶対忠誠♡なのなのら！」は、二〇二二年一月四日の「2周年記念ライブ」[47]にて初めて公開され、二〇二二年七月二十三日にMVが公開された楽曲である。

この歌に関しても、まずは歌詞を見てみよう。

あれもこれも欲しいのら！
全部全部欲しいのら！
ルーナとルーナイトで　たこ焼きパーティーするのら！
もっともっと楽しい事！
ずっとずっと嬉しい事！
一緒に作っていけたらね
きっとルーナとみんなの物語は
おとぎ話になっちゃうのかも！
プリンセスの願いをかなえて♡
絶対絶対絶対絶対忠誠♡　なのなのら！

姫森ルーナさんのファンネームは「ルーナイト」である。「お菓子の国のお姫様[48]」である姫森ルーナさんに対し、姫森ルーナさんのファンであるルーナイトは騎士の姿が象られている。[49]ここで姫森ルーナさんは、ライブ配信を中心とした活動の中で「楽しい事」や「嬉しい事」を一緒に作っていくことで、「ルーナとみんなの物語」が紡がれていくと歌っている。ライブ配信を通して即時的に生成されてゆく「ルーナとみんなの物語」の中で、姫森ルーナさんは次のように述べていた。

ルーナがいるのは、やっぱりルーナイトのおかげだから。ルーナイトには感謝しなきゃいけないことがいっぱいだからね。それを少しでも何かしらの形でね、返していきたい気持ちがあるから、いっつもルーナは……そういう気持ちで配信を考えております。[50]

もちろん、こうした姫森ルーナさんの言葉に対し、ルーナイトは即座に「ルーナイトがいるのも、姫様のおかげなのら[51]」というコメントを返していた。こうしたコミュニケーションから明確に確認できるように、「姫森ルーナ」と「ルーナイト」は表裏一体の存在である。「姫森ルーナ」が「姫森ルーナ」としてのアイデンティティを担保できるのは、彼女の存在を取り巻く「ルーナイト」が存在するからである。そして鑑賞者が「ルーナイト」としてのアイデンティティを担保できるのは、この世界に「姫森ルーナ」が存在するからである。姫森ルーナさんとルーナイトは、まさにお互いの存在を担保し合うことで存在している。上述したような人格的な交流を通して、VTuberと鑑賞者は相互にアイデンティティを変容させ合う。目下の事例で言えば、VTuberの側では「ルーナイトのために存在する姫森ルーナ」というアイデンティティが成立しており、鑑賞者の側では「姫森ルーナのために存在するルーナイト」というアイデンティティが成立しているのだ。このように、鑑賞者のアイデンティティ変容に影響をもたらしうる「生きた芸術作品」としてのVTuberは、こうした人格的交流を通して自らのアイデンティティをも変化させうるという意味で、まさに「生きた」存在に他ならないのである。[52]

鑑賞者と共に制作されると共に、自らの物語を生きる「芸術作品」としてのVTuber。VTuberのこうした側面を明らかにする作業は、今日多くの人々を惹きつけている「VTuber文化」の特質を理解することに貢献するのではないだろうか。

1　1．1の議論は、基本的にRobert Stecker, *Aesthetics and the Philosophy of Art: An introduction*, Rowman & Littlefield Publishers, 2010の第五章の議論に負っている。基本的な訳語は、森功次によるステッカーの翻訳『分析美学入門』勁草書房、二〇一三年に従っている。

2　ステッカーは美的機能主義の観点から「芸術作品」を定義する試みとして、例えばモンロー・ビアズリー（「美的関心を満足させうる力を持つものを作ろうという意図と共に生産されたもの」）やリチャード・リンド（「その主たる機能が意義深い美的対象を伝えるという点にある、一つ、もしくは複数の媒体の創造的配置」）の議論を紹介している（Stecker 2010, p. 104）。

3　Morris Weitz, "The Role of Theory in Aesthetics", in *The Journal of Aesthetics and Art Criticism*, 15, 1956, pp. 27-35. 本章におけるワイツの訳出に関しては、『フィルカル』第一巻第二号、株式会社ミュー、二〇一六年に掲載された松永伸司によるワイツの翻訳「美学における理論の役割」（一七六〜一九八頁）に依拠している。

4　George Dickie, "What is Art？ An Institutional Analysis", in *Art and the Aesthetic. An*

Institutional Analysis, Ithaca and London: Cornell University Press, 1974, pp. 19-52. 本章における ディッキーの論文“What is Art? An Institutional Analysis”の訳出に関しては、西村清和編・監訳『分析美学基本論文集』勁草書房、二〇一五年に掲載された今井晋によるディッキーの翻訳「芸術とはなにか――制度的分析」に依拠している。

5 鑑賞候補の身分の授与について、ディッキーは次のように述べる。「ある対象に芸術の身分を授与することにおいて、人はその対象が持つ新しい身分に対してある種の責任を引きうける――鑑賞の候補を提示することは、誰もそれを鑑賞せず、それゆえ、授与した当人が面目を失うという可能性を常にはらんでいる」(Dickie 1974, p. 50)。

6 その後の芸術の定義論の展開においては、歴史的な観点を採用することによって芸術の概念を定義しようとする試みが多く見られた。例えば「歴史化された制度的アプローチ」(Stecker 2010, p. 112) を採用するスティーヴン・デイヴィスや、「芸術は後続の作品を先立つ作品と結びつける歴史的物語によって同定される」(Stecker 2010, p. 112) と主張するノエル・キャロル、そして「歴史的機能主義」を提唱するロバート・ステッカー等の立場を挙げることができる。

7 松永、前掲書、五八頁。

8 留保というのは、例えば「アートワールドは複数(しかもかなり細かく)存在する」(59頁)というものや、「アートワールドは、当の芸術作品がそれとしてあることを認めるものだが、それを芸術作品にするものである必要はない」(同上)というものである。

9 「提示形式」について、松永は次のように述べる。「ビデオゲームを含む芸術形式は、それに属する個体が一般にどのような形で提示されるか、という観点から定義すべきものである。この観点から定義される人工物種を「提示形式」と呼んでおこう。受け手という概念が成立可能な人工物種は、すべて提示形式と考えてよい」（二七頁）。

10 松永、前掲書、六一頁。

11 「【Live2Dデザイナー】「Live2DといえばANYCOLORだよね」と言われる日を目指して。VTuberのLive2D技術を生み出す知恵と知恵が、このチームで融合する。【従業員インタビュー】」（https://www.anycolor.co.jp/news/32011）（最終閲覧日：二〇二三年十一月二日）。

12 もちろん、「VTuber」という活動形態の成立過程をより精緻に見て取るためには、「VTuber文化」を構成するいくつもの文化的系譜の流れをそれぞれ分析する必要があるだろう。当然のことながら、VTuber文化は「二次元文化」と「ストリーマー文化」の二つだけから構成されているわけではないからである（そもそも、「二次元文化」と「ストリーマー文化」と呼ばれる文化現象の内実をより細かく見ていく必要があるだろう）。

13 しばしばアーティストは自身のライブ映像をドキュメンタリー映画として公開するが、ここではこうした意味での「映画」を想定している。

14 「VTuberのゲーム実況論」に関して、詳しくは本書第四章第三節にて前述。

15 こうした作品としての性質は、様々な要素が複合することによって構成される制度的存在者としてVTuberを論じてきた本書の主張と親和的であると言える。

16 芸術作品論の視座からVTuberを分析すると、「VTuberそのものが芸術作品である」という論点と、「VTuberが生み出す個々の配信動画が芸術作品である」という論点の二つが析出される。こうした両面性がVTuberには基本的に備わっていると言えるだろう。また、VTuberが芸術形式であるからと言って、すべてのVTuberの配信動画が自動的に芸術作品として見なされるわけではないという点は付言されるべきである。

17 これに対して、ゲーム実況をするVTuberに対して（VTuber本人が求める以上に）過剰にアドバイスをする行為は「指示」と呼ばれ、ある種の荒らし行為として認識されてしまう。

18 こちらの動画の四分三十七秒〜四分五十八秒の箇所を参照されたい。にじさんじ公式切り抜きチャンネル【NIJISANJI Official Best Moments】「イブラヒムVSリスナー スパチャ読み上げ総集編【にじさんじ／公式切り抜き／VTuber】」(https://www.youtube.com/watch?v=gHPRLgapnHY)（最終閲覧日：二〇二三年十一月二日）。

19 本来はライブ配信の内容に関係のないコメントは御法度であるが、今回の場合のように、VTuber自身がその状況を楽しんでいたり容認していたりする場合には例外的に認められることがある。ライブ配信におけるコメントの善し悪しのボーダーラインは、そのVTuberとのやり取りや文脈、信頼関係などによって変化するものである。

20 こちらの動画の三分三十二秒〜四分九秒の箇所を参照されたい。にじさんじ公式切り抜きチャンネル【NIJISANJI Official Best Moments】「イブラヒムVSリスナー スパチャ読み上げ総集編【にじさんじ／公式切り抜き／VTuber】」(https://www.youtube.com/watch?v=gHPRLgapnHY)（最終閲覧日：二〇二三年十一月二日）。

21 https://hololive.hololivepro.com/talents/houshou-marine/（最終閲覧日：二〇二三年十一月二日）。

22 「きつい」という言葉が変化したもの。例えばMarine Ch. 宝鐘マリン「【おえかき】ゆるく描きながらしゃべる【ホロライブ／宝鐘マリン】」(https://www.youtube.com/watch?v=El2HZtB_g_Y&t=0s)（最終閲覧日：二〇二三年十一月二日）の動画の二分五十秒以降を参照されたい。こうしたやり取りは宝鐘マリンさんと「一味」（宝鐘マリンさんのファンの総称）との間では恒例となっており、宝鐘マリンさんのメンバーシップに入ると「きっつ」というスタンプを（三つの文字を繋げて）送ることができるようになる。ただし、当然のことながら、こうしたやり取りは宝鐘マリンさんのことを思いやりながら行われるのが大前提であり、どのようなタイミングでこうした言葉を投げかけても良いのかは、長年のファンたち（一味）の行動から少しずつ学んでいくしかないだろう。

23　こうした年齢ネタから派生して、二〇二三年八月十一日には、「ImCyan」によるホラーゲーム「つぐのひ」シリーズから、宝鐘マリンさん（78）を題材にした作品「美魔女の真実 - マリンの秘宝船 -」がリリースされた（https://www.gamemaga.jp/tsugunohi/711/）（最終閲覧日：二〇二三年十一月二日）。

24　電脳少女シロ「【PUBG実況】ＡＫＭをぶっ放す！ファイヤー！アイスストーム！順位も更新！」(https://www.nicovideo.jp/watch/sm32329056)（最終閲覧日：二〇二三年十一月二日）。

25　動画投稿を重ねていくことによってもVTuberの歴史が積み重ねられると言うことはできるだろうが、「投稿された動画を観る」という体験は（ライブ配信における）「同時性」の感覚をそのまま享受することができないため、ライブ配信の蓄積とはまた別の感覚を鑑賞者に与えることになると言える。特に、継続的に紡がれる物語（歴史）に参加している意識を得ることができるか否かは重要な質的な違いである。とはいえ、例えば電脳少女シロさんは二〇二〇年のある期間まで毎日同じ時間に動画投稿をしており、ファンは投稿と同時に視聴して「X」（旧Twitter）で感想を言うという、ある種の同時性が担保された鑑賞スタイルが当時存在したということは付言されるべきであろう。

26　現在すぐに確認できるものとしては、白銀ノエルさんによる次の投稿（https://twitter.com/

shiroganenoel/status/1680425238633521153)（最終閲覧日：二〇二三年十一月二日）がある。

27　不破 湊／Fuwa Minato【にじさんじ】「【#不破湊50万人記念】50人耐久！ガチアポ無し逆凸配信【不破湊／にじさんじ】」（https://www.youtube.com/watch?v=_WrWZ5f1t3U）（最終閲覧日：二〇二三年十一月二日）。

28　切り抜き動画の歴史的背景に関しては、以前からニコニコ動画においてはテレビアニメの特徴的なシーンを紹介する切り抜きや「ニコ生」での特徴的な言動を紹介する切り抜きなどが多数存在したこと、また、そうした切り抜きに翻訳をつけて投稿する海外の「fansub」・「fandub」の存在があったことや、二〇一七年時点の「キズナアイ」の動画の切り抜きブームがあったことなど、先行する様々な実践を指摘することができるだろう。

29　切り抜き動画を作成する動画投稿者のこと。

30　もちろん、切り抜き動画は（前述したような効果があるとはいえ）、ややもすれば「無断転載」と表裏一体の行為になりうる。また、VTuber本人の発言の意図とは異なる仕方で切り抜き動画が作成されてしまうという問題も生じうる。こうした状況を受けて、国内を代表する各VTuberグループ（例えば「にじさんじ」、「ホロライブプロダクション」、「ぶいすぽっ！」、「ななしいんく」、「Re:AcT」、「Neo-Porte」など）は、いずれも切り抜き動画を一律に規制する方向ではなく、ガイドラインを遵守したうえでなら自由に切り抜き動画を作成・投稿して構わないという方向に舵を切った。

31　もちろん、多くの切り抜き動画は単に見どころを「抜粋」し、それに字幕や効果音を付けるというものであるので、「解説」という要素を強調し過ぎるのは切り抜き文化の実態に反してしまうだろう。ただ、切り抜き動画が多いと、そのVTuberについての情報を多く仕入れやすくなるのもまた事実である（例えばそのVTuberにまつわる有名なエピソードや、本人の趣味嗜好の情報、コラボの来歴などを学ぶことができる）。こうした緩やかな意味で、本章においては「解説書」という比喩を用いている。

32　「ＵＧＣ」とは「User Generated Content」の頭文字を取った言葉であり、「一般の利用者によって創作されたコンテンツ」を指す言葉である。ニコニコ動画においては「ランキング機能」があり、利用者はここから最新の流行をキャッチすることができ、クリエイターにとっても、こうした機能が創作意欲を刺激する大きな源泉の一つとなった。また、「ＵＧＣ」の流れで言えば「pixiv」をはじめとするソーシャル・ネットワーキング・システムの存在も外すことはできない。

33　例えばにじさんじの夜見れなさんのファンアート投稿用のハッシュタグは「#れなの鳥っくあーと」であり、このハッシュタグをつけてファンアートを投稿した場合、夜見れなさんの配信動画のサムネイルとして使用される可能性がある。

34　こうした「二次創作を一次創作化して取り込む動き」に関しては、すでに広田稔が明確に指摘している。「バーチャル化する人の存在――VTuberの来し方、行く末」『ユリイカ　特集＊バーチャルYouTuber』青土社、七月号、五一頁。

35　月ノ美兎「Moon!! full ver. ／月ノ美兎【新３Ｄ衣装お披露目／オリジナルソング】」（https://www.youtube.com/watch?v=qHnRdR3CKyI）（最終閲覧日：二〇二三年十一月二日）。

36　Kaguya Luna Official「【声真似】誰が一番月ちゃんに似てるか選手権ｗｗｗ」（https://www.youtube.com/watch?v=BeQxMVLu6pY）（最終閲覧日：二〇二三年十一月二日）。

37　この点に関して、次の記事を参照されたい。「関西弁のキズナアイ　幻の企画「スナック愛」復活」（https://panora.tokyo/panora.tokyo/50469/HPC-index.html）（最終閲覧日：二〇二三年十一月二日)。

38 こうした諸特徴は、実写的な仕方でライブ配信を行う「YouTuber」などにも大部分当てはまるものだろう。この中では、VTuberに関するファンアート作品が大量に生産され、それらがVTuberの配信動画で実際に用いられる（二次創作化される）という2．4の論点こそが（ニコニコ動画や各種SNSにおける「UGC」の流れを受けた）VTuber文化ならではの特徴であると言えるかもしれない。

39 周知の通り、今日のVTuber文化においては「推し活文化」の影響が非常に色濃く出ている。本書においては紙幅の関係上、「推し」概念の出自をアイドル文化やキャラクター文化の文脈から仔細に検討するという作業を行うことはできないが、数えきれないほどのVTuberたちがデビューしている今日において、「特定の推しを作ってVTuberを観る」という観賞実践が現にファンたちの間でなされていることは疑い得ない事実だろう。本書においては「推す」という概念を、暫定的に「好きである」、「推薦する」、「支援する」といった意味合いで用いることにする。同様に、「推しのVTuber」という表現を使うときは、「好かれている、推薦されている、支援されているVTuber」といった意味合いで用いる（どの意味合いが最も強く出ているかは文脈や個別的な事例によって異なる）。また、本章においてはVTuberに全く関心を寄せない鑑賞者ではなく、VTuberに次第に関心を寄せるようになった鑑賞者の存在を想定して議論を組み立てている。

40 こうしたファンネームが複数のVTuberたちによるユニットについている場合もある（例えば「ラプラス・ダークネス」、「鷹嶺ルイ」、「博衣こより」、「沙花叉クロヱ」、「風真いろは」の五名から構成されるホロライブ六期生の「秘密結社holoX」のファンネームは「holoXer」である）。

また、そもそもこうしたファンネームが存在しなかったり、非公式の形でファンネームが自然発生的につけられたりしているような場合もある。

41 https://hololive.hololivepro.com/talents/tsunomaki-watame/（最終閲覧日：二〇二三年十一月二日）。

42 言うまでもなく、VTuber の鑑賞者がすべて VTuber を熱心に応援しているというわけではない。テレビのバラエティー番組を何気なく観るような感覚で VTuber を視聴するという層も間違いなく存在する。しかし、もしその鑑賞者が日々紡がれる VTuber のライブ配信や投稿動画を長時間視聴するのが習慣になっているならば、そこでは目立たない仕方で物語的アイデンティティへの影響が生じていると言うことができるだろう。とはいえ、VTuber の配信を長時間鑑賞するという習慣がついている時点で、その鑑賞者は実質的に熱心なファンになっていると見なされても何ら不自然ではない。

43 Marine Ch. 宝鐘マリン「【original】Ahoy!! 我ら宝鐘海賊団☆【ホロライブ／宝鐘マリン】」(https://www.youtube.com/watch?v=e7VK3pne8N4)（最終閲覧日：二〇二三年十一月二日）。

44 https://hololive.hololivepro.com/talents/houshou-marine/（最終閲覧日：二〇二三年十一月二日）。

45 Marine Ch. 宝鐘マリン「【original animation MV】マリン出航‼【hololive／宝鐘マリン】」(https://www.youtube.com/watch?v=u_hUpHUTJwQ)（最終閲覧日：二〇二三年十一月二日）。

46 Luna Ch. 姫森ルーナ「【original】絶対忠誠♡なのなのら！【姫森ルーナ／ホロライブ】」(https://www.youtube.com/watch?v=IY2kSsj3CGc)（最終閲覧日：二〇二三年十一月二日）。

47 Luna Ch. 姫森ルーナ「【＃姫森ルーナ2周年記念LIVE】みんなへ感謝の気持ち届けたいのら！ 2nd Anniversary 3D LIVE !!【ホロライブ】」（https://www.youtube.com/watch?v=3UVUtXHOtV4）（最終閲覧日：二〇二三年十一月二日）。

48 https://hololive.hololivepro.com/talents/himemori-luna/（最終閲覧日：二〇二三年十一月二日）。

49 なお、二〇二三年七月二十九日に行われた新衣装お披露目配信において、初めてルーナイトのモデルの姿が姫森ルーナさんの2Dモデルに付加される形で実装された。詳しくはこちらの動画の五十三分二十三秒以降を参照されたい。Luna Ch. 姫森ルーナ「【＃姫森ルーナ新衣装】赤ちゃんじゃない？！セクシーアダルトな新衣装をお披露目なのらあああああ！！！New Outfit【姫森ルーナ／ホロライブ】」（https://www.youtube.com/watch?v=M7OKtBwnpLo）（最終閲覧日：二〇二三年十一月二日）。

50 こちらの動画の五十四分十八秒～五十四分四十四秒までの箇所を参照されたい。Luna Ch. 姫森ルーナ「スパチャ読み―2周年記念LIVEありがちゅう～！【＃姫森ルーナ／ホロライブ】」（https://www.youtube.com/watch?v=T7p60f6v_w4&t=0s）（最終閲覧日：二〇二三年十一月二日）。

51 上述の動画の五十五分二秒頃にて確認できるコメント。

52 本章においては紙幅の関係上、宝鐘マリンさんと姫森ルーナさんの二名しか取り上げることができなかったが、もしオリジナル曲が制作されていなかったり、オリジナル曲の歌詞の中にファンとの関係性が明示的に織り込まれていなかったりするようなVTuberを取り上げたとしても、多くの場合、3．3で論じたようなアイデンティティの相互変容（VTuberと鑑賞者がお互いに

「相手のために」というアイデンティティを保持するという事態）は（たとえどれだけそれが目立たない仕方であったとしても）起こっていると言えるだろう。

おわりに

本書『VTuberの哲学』の原稿をすべて書き終えた今になっても、「書き終わった」という実感がいまだに湧いていない。実際、私にとって本書の完成は、ゴール地点ではなくスタート地点である。「VTuberの哲学」をテーマとした研究内容を「書く」という作業はこれからもずっと続くのであり、本書の存在は、その中継地点の一つを示すものに過ぎない。だから今でも、「書き終わった」のではなく、「いったん休憩する」くらいの気持ちしか湧いていない。本当は、まだまだ手直しを加えたい箇所がたくさんある。深掘りできていない議論も多いだろうし、議論として不十分な記述も多々あるだろう。それでも、この本の修正作業を切り上げるときが来てしまったようだ。

本書を執筆し終えるまでに、数多くのVTuberたちがデビューし、そして数多くのVTuberたちが引退していった。本書の執筆を始めてから、一体どれくらいの日数が経っただろうか。少なくとも、二〇二二年三月に刊行された拙著『独学の思考法』（講談社現代新書）とは比較にならないほどの日数がかかっていることは間違いないだろう。それは、本書が哲学研究者からの批判にも、VTuber文化の有識者からの批判にも耐えうるような著作を目指したからに他ならない。とはいえ、その結果、編集者の水野柊平さんをだいぶ長い間お待たせすることになってしまった。本書の執筆を忍耐強く待ってくれた水野さんには、感謝してもしきれない。

『VTuberの哲学』は、これまで私が発表してきたいくつかの論文を基にしているが、本書に組み込む際に、その内容を大幅に変えている。とはいえ、本書の土台になっている議論がどのようなものであるか、ここに書き記すのが良いだろう。

第一章　VTuberの類型論と制度的存在者説（＊「「バーチャルYouTuber」とは誰を指し示すのか？」『フィルカル』第七巻第二号、二〇二二年、二二六〜二六三頁）

第二章　VTuberの身体性の問題（＊「VTuberがVTuberとして現出するということ――アリストテレスの「デュナミス」および「エネルゲイア」概念の視座から」『哲学の探求』第五〇号、二〇二三年、八八〜九九頁）

第三章　VTuberのフィクション性と非フィクション性（＊書き下ろし）

第四章　VTuberの表象の二次元／三次元性（＊「VTuberはいかなる意味で二次元／三次元的な存在者なのか？」『フィルカル』第八巻第二号、二〇二三年、二四四〜二八〇頁）

第五章　生きた芸術作品としてのVTuber（＊書き下ろし）

特に変更が著しいのは、最も執筆時期が古い「「バーチャルYouTuber」とは誰を指し示すのか？」である。この論文ではVTuberの身体を留保なく「アバター」と記述していたり、自説の立場を「独立説」と記述したりしていた（本書においては、それぞれ「モデル」、「非還元主義」と修正している）。だが、他の二本の論文においても、少なからぬ加筆・修正を試みた。もしも既刊論文をお持ちの方がいれば、ぜひ比較してみてほしい。

本書は、当然のことながら、私一人の力によって書かれた著作では全くない。『VTuberの哲学』は、本当にたくさんの方々に支えらえて形になったものである。彼らの忌憚なき意見がなければ、本書が成立することはなかった。

まず、「VTuberの哲学研究会」を共に立ち上げた富山豊さん、篠崎大河さん、本間裕之さん、松本大輝さんに心から感謝申し上げたい。本書『VTuberの哲学』は、議論が一章分できあがるたびに、毎回彼らに原稿検討会を開いてもらっていた。もし本書の「哲学書」としての水準が一定以上のものであるとするならば、それはすべて彼らのおかげである。私のVTuber研究は、常に彼らの的確な批判と共にあった。彼らと共に、東京都湯島にある「Bar あしあと」や、富山さんのご自宅で議論をした日々は、私にとってかけがえのない財産である。

また、『ビデオゲームの美学』の著者である松永伸司さんにも感謝申し上げたい。本書を一通り読んだ読者であれば分かると思うが、本書『VTuberの哲学』はかなり『ビデオゲームの美学』からの影響を受けている。ビデオゲームについて、これほどまでに厳密に哲学の議論を組み立てることができる――そうした驚きは、私に「VTuber研究」の可能性を感じさせるのに十分であった。『ビデオゲームの美学』を読まなければ、「VTuberの哲学」というテーマに挑戦することすらなかったかもしれない。『ビデオゲームの美学』との出会いは、私の人生における大きな転換点の一つであった。

さらに、「ゲームの哲学研究会」で『ビデオゲームの美学』を共に通読してくれた榊祐一さんと持田貴博さんにも感謝申し上げたい。彼らは『VTuberの哲学』の原稿を読み、丹念にフィードバックをしてくれた。榊さんは日本近代文学が専門であるにもかかわらず、VTuber研究をテーマとする本書の原稿に丁寧なコメントをくださった。そして持田さんは、私がVTuber文化を知ったばかりの頃によく私の話を聞いてくれた友人であり、VTuberについて語り合うことの楽しさを教えてくれた人だった。

それだけではない。本書はその執筆過程において、VTuber文化に造詣が深いたくさんの有識者の方々からご指摘・ご批判をいただいた。特に、塗田一帆さん、myrmecoleonさん、泉信行さん、浅田カズラさん、宇野颯樹さん、がめまるさん、たたむさん、お茶@ニコV会運営さんに心から感謝申し上げたい。彼らは、VTuber文化の実例に即した数多くのアドバイスをしてくださった。彼らの指摘や批判がなければ、本書の射程はさらに狭いものになっていただろう。研究者だけでなく、こうした有識者の方々からも丹念なフィードバックをもらうことができたのは、本書の成立において本当に幸運なことであった。

哲学研究者からの批判とVTuber文化の有識者からの批判の双方に応えていく作業は、確かに容易なものではなかった。だが、こうした苦しい日々を支えてくれたのは、数多くの魅力的なコンテンツを提供してくれたVTuberたちであった。

孤独な研究生活に彩りを与えてくれたVTuberたちの名前をすべて書くことはできないが、この「おわりに」では、お二人だけ名前を挙げることにしたい。にじさんじ所属の夜見れなさんと、ホロライブプロダクション所属の姫森ルーナさんである。

夜見れなさんは、私がはじめてにじさんじのライバーの中で知ったVTuberである。私が何気なくYouTubeでVTuberのゲーム実況を検索したときに、たまたま一番上にヒットしたのが、夜見さんの配信であった。それ以来、私は夜見さんの持つ不可思議な魅力の虜になっている。感情豊かにゲームをプレイする姿や、コラボなどで楽しくはしゃぐ姿から、幾度となく元気をもらってきた。研究生活において最も重要なことの一つは、長時間の孤独に打ち勝つことである。本書を執筆するために、もうどれくらいの時間黙々と作業をこなしたか分からない。だが、そうしたときに、夜見さんの配信は本当に心の支えになってくれた。夜見さんの笑顔が、その存在の輝きが、私の研究生活を照らし続けてくれたのである。

そして姫森ルーナさんは、私にVTuber文化の魅力を繰り返し教えてくれたVTuberの一人である。日頃のゲーム配信や「高級クラブルーナ」など、本当に長い時間をそこで過ごさせてもらった。特に、二〇二二年一月四日の「二周年記念ライブ」で初めてのオリジナルソングを歌ったときの姿は、今でも忘れることができない。それからも、姫森ルーナさんの唯一無二の声は、私の研究生活の支えであった。配信上でのあなたの励ましの言葉が、研究生活を送る上で、どれだけ私の力になったか分からない。「ルーナとみんなの物語」に参加できたこと、そしてこれからもその物語の一ページに参加できることを、私は心から嬉しく思う。

最後に、私の人生を支えてくれている家族に感謝の言葉を伝えて、この本を結ぶことにしたい。私の母と父は、二人ともVTuberについて詳しくはないが、「VTuberの哲学」をテーマにした私の研究に理解を示してくれた。そして「ホロリス」でもある私の妻は、しばしば私と夕食を食べながら共にVTuberの動画を観てくれた。さらに、妻が私に紹介してくれるVTuberの動画から、私はいつもたくさんのことを学ぶことができた。私が日頃VTuber文化に接することができたのは、VTuber文化に対して妻が好意的であったからである。また、長きにわたる執筆期間において、励ましの言葉をかけ続けてくれたのも妻であった。本書の執筆において、妻の存在が大きかったことは言うまでもない。この場を借りて、改めて想いを伝えることにしたい。

あなたのおかげでこの本を書くことができました。本当にありがとう。

「はじめに」において、本書は「来るべきVTuber研究の土台の一部を形成する役割しか果たさない」小著であると述べた。その気持ちは、本書を執筆し終えた今になっても変わらない。だが、この本は一朝一夕に書かれたものではなく、私一人の力によって書かれたものでもない。この本は、数多くの研究者や有識者から忌憚なき意見をもらう中で、幾度となく修正を重ねながら執筆されたものである。今後、この本を一つのきっかけに新たなVTuber研究が遂行されていくならば、筆者にとってこれ以上幸せなことはない。

そして、多くの人々に希望を与えているVTuber文化が今後さらに発展していくことを――私は心から願っている。

山野弘樹

二〇二三年十一月

著者
山野弘樹　（やまの・ひろき）
1994年、東京都生まれ。2017年、上智大学文学部卒業。2019年、東京大学大学院総合文化研究科（超域文化科学専攻）修士課程修了。同年より日本学術振興会特別研究員DC1（面接免除内定）。現在、同大学院博士課程。専門はポール・リクールの思想、およびVTuberの哲学。2019年、日本哲学会優秀論文賞受賞。2021年、日仏哲学会若手研究者奨励賞受賞。主著に『独学の思考法』（講談社現代新書、2022年）。

VTuberの哲学

2024年 3 月20日　第1刷発行
2024年11月25日　第4刷発行

著者――――――山野弘樹
発行者―――――小林公二
発行所―――――株式会社 **春秋社**
〒101-0021 東京都千代田区外神田2-18-6
電話 03-3255-9611
振替 00180-6-24861
https://www.shunjusha.co.jp/
印刷・製本―――萩原印刷 株式会社
装丁――――――伊藤滋章

ISBN978-4-393-33405-8
定価はカバー等に表示してあります